卫星海洋遥感数据手册

Handbook of Satellite Ocean Remote Sensing Data

殷晓斌　徐　青　李　炎　范开国　管　磊◎编著

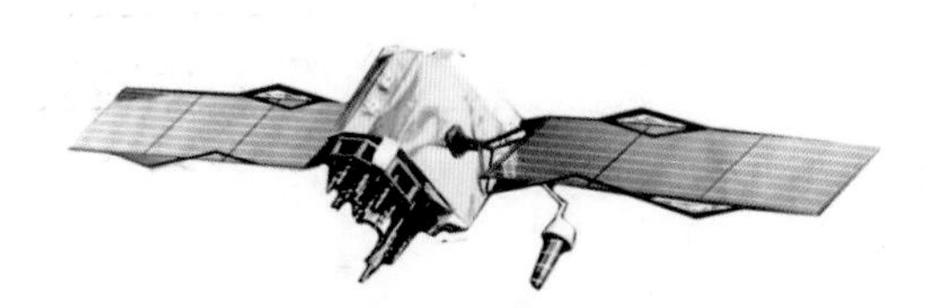

海洋出版社

2024年·北京

图书在版编目 (CIP) 数据

卫星海洋遥感数据手册 / 殷晓斌等编著. -- 北京 : 海洋出版社, 2024. 11. -- ISBN 978-7-5210-1321-4

Ⅰ. P715.6-62

中国国家版本馆CIP数据核字第2024U67W33号

卫星海洋遥感数据手册
WEIXING HAIYANG YAOGAN SHUJU SHOUCE

策划编辑：赵　娟
责任编辑：赵　娟
责任印制：安　淼

海洋出版社 出版发行
http://www.oceanpress.com.cn
北京市海淀区大慧寺路 8 号　　邮编：100081
鸿博昊天科技有限公司印制　　新华书店经销
2024年11月第1版　　2024年11月第1次印刷
开本：787 mm × 1092 mm　　1 / 16　　印张：10.75
字数：170千字　　定价：168.00元

发行部：010-62100090　总编室：010-62100034

序

我国是一个海洋大国。从古至今，中国人探索海洋的脚步从未停止。对海洋科学而言，观测数据的不足，特别是大范围同步观测数据的缺乏，一直是制约其发展的瓶颈。卫星海洋遥感具有全球覆盖、高时空分辨率、低成本、高时效性以及连续的长时序观测等优势，因而成为人类认知海洋最重要的技术手段之一。

目前，卫星海洋遥感正处于“黄金时期”，在全球海洋观测体系中起到了越来越重要的作用。随着“璀璨群星”而来的是海量的卫星海洋遥感数据，这些数据已成为海洋科学研究不可或缺的基本资料。

面对“浩如烟海”的卫星海洋遥感数据，能够迅速且专业地筛选出具有实际价值的观测信息，不仅有助于高效开展海洋科学研究，极大地促进业务化海洋学的实践进程，也有利于优化数据的获取途径、提高信息服务效能，为国家海洋资源调查、海洋环境保护、海洋防灾减灾、海洋权益维护和海洋管理等提供信息支撑服务。

本书作者团队以国内外海洋科学研究热点和海洋业务化应用为牵引，基于多年卫星海洋遥感研究积累和卫星海洋遥感数据使用实践经验，统筹理论科学和实用技术，突出专业性、实用性、通用性和广泛性，在我国首次形成了一本较为系统全面地介绍卫星海洋遥感数据的专著。本书无疑为广大海洋科技工作者提供了一本不可多得的卫星海洋遥感专业手册，具有较大的实用性和参考价值。

本书的作者们大都长期辛勤耕耘在我国海洋遥感第一线，衷心地希望他们“百尺竿头、更进一步”，在我国海洋强国、航天强国的建设过程中做出更大的贡献。

2024 年 10 月 8 日

前　言

海洋是生命的摇篮、资源的宝库和国家安全的屏障，是未来人类可持续发展的重要战略空间。海洋是一个规模巨大且处于永无休止运动的复杂时变系统，海洋观探测是人类认知海洋的第一步，也是海洋科学理论发展的源泉和检验其真伪的标准。一直以来，与海洋相关的几乎所有重大进展都与观探测密切相关，海洋科技发展依赖于观测手段的不断完善。

近年来，随着船只走航观测资料、全球浮标现场观测数据及卫星遥感探测数据的丰富，使了解全球海洋过程及其时空变化规律成为可能。但是，仅靠走航和浮标观测等手段取得大范围同步资料是异常困难的，而卫星遥感技术独具“全面、动态、快速和准确”的突出优势，使其成为观测海洋过程的必要手段和驱动海洋科学发展的重要引擎。例如，正是借助于卫星遥感数据，海洋学家发现了全球海洋中尺度涡旋的广泛存在，从而丰富了对大洋环流的认知。时至今日，由卫星雷达高度计探测产生的逐日全球海面高度数据已成为海洋动力过程研究及应用必不可少的基本数据资料。随着星载传感器技术的迅速发展，卫星海洋遥感数据涵盖了海洋动力、海洋气象和海洋生态环境等诸多方面。如今，用“浩如烟海”来形容卫星海洋遥感数据资料也不为过。

考虑到目前国内还没有一本专门系统介绍卫星海洋遥感数据的专著，本书以国内外海洋科学研究热点和海洋业务化应用为牵引，基于作者多年卫星海洋遥感研究成果和卫星海洋遥感数据使用实践经验，对不同星载传感器探测的海洋要素类型、技术指标、获取方式和典型应用等进行了系统研究，梳理形成了卫星海洋遥感数据手册。本书统筹理论科学和实用技术，充分考虑使用者的实际需求，突出专业性、实用性、通用性和广泛性，不仅有助于海洋科技工作者快速、有效地查找到所需的卫星海洋遥感数据资料，达到事半功倍的效果，也可作为海洋科学、海洋技术、大气科学、地理学、环境学、海洋测绘、地理信息系统及其他相关专业的本科生、研究生系统了解卫星海洋遥感并开展相关研究的参考教材。

本书共分七章，具体章节安排如下：第 1 章主要对国内外海洋卫星发展现状，以及各类星载传感器主要用途进行了总结；第 2 章主要对海面温度、海面盐度、水深、海面高度、海浪、海流等海洋动力环境要素卫星遥感数据及特点进行介绍；第 3 章为海洋气象要素卫星遥感数据，主要包含海面风场、大气温湿廓线、降水、大气水汽含量、云液水含量、气溶胶等；第 4 章为海洋生态要素卫星遥感数据，主要包含海表叶绿素 a 浓度、总悬浮物浓度、海水表层 CO_2 分压、海－气 CO_2 通量和海洋净初级生产力等；第 5 章为典型海洋现象专题卫星遥感数据，主要包含海洋中尺度涡旋、海洋内波、海洋锋、海雾、海上溢油等；第 6 章主要是对结合卫星遥感和现场观测数据以及数值模拟结果产生的再现历史海洋和大气状态的海洋与大气再分析产品进行介绍；第 7 章主要介绍几款常用的海洋数据在线可视化与分析平台，展示如何将复杂的卫星海洋遥感数据以图像、图形、动画等直观的形式表达出来，达到为有效分析海洋数据提供平台借鉴的目的。

本书由殷晓斌和徐青完成了总体框架设计和统稿，范开国、管磊、何明耀、胡旭辉、李鑫玥、李炎、梁国洲、吕乐恬、吕思睿、毛鹏、宁珏、秦艳萍、王皓、王宁、王士帅、魏伊迪、徐东洋、谢华荣、张铭剑、张越、钟远征等（以姓氏拼音为序）参加了本书部分章节的修改，李炎、范开国和管磊完成了本书的校对。在本书撰写过程中，得到了中国海洋大学、国家卫星海洋应用中心、三亚海洋实验室、智慧地球重点实验室等单位领导和专家的支持与指导，本书的出版得到了国家自然科学基金（项目号 42476172、T2261149752）、海南省重点研发项目 ZDYF2023SHFZ089，海南省“陆海空”科技专项 SOLZSKY2024007 等项目的资助。谨此表示衷心的感谢。

由于海洋观探测技术层面较广、卫星海洋遥感数据种类繁多，书中所列卫星海洋遥感数据难免挂一漏万，加之作者水平与时间有限，书中难免会有不足之处，恳请广大读者批评指正。

作　者

2024 年 10 月 1 日

目　录

第1章 海洋卫星与传感器简介

随着卫星遥感技术的迅猛发展，遥感探测已成为获取海洋信息的重要手段。卫星遥感数据在海洋与气候变化研究、海洋资源开发利用、海洋环境保护、防灾减灾、海岛海岸带可持续发展、国防安全等领域均起着重要的作用。本章旨在概述国内外海洋卫星的发展现状，以及卫星上搭载的各类传感器的主要用途，以使读者充分了解后面各类卫星海洋遥感数据的特点。

1.1 卫星轨道

卫星轨道类型决定了卫星工作时的运行路径，是卫星设计时必须考虑的关键因素。用于海洋观测的主要轨道类型包括太阳同步轨道、地球同步轨道和高度计专用卫星轨道（刘玉光，2009）。

如果卫星的轨道平面以地球的公转速率围绕太阳旋转，那么这种轨道被称为太阳同步轨道。太阳同步轨道卫星总是在相同的当地时间飞越同一纬度地球表面的上空，其轨道平面一般采用 97° ~ 110° 的倾角。如果轨道倾角接近 90°，卫星就能接近南极和北极地区，这样的太阳同步卫星轨道被称为太阳同步极轨或近极轨道。多数太阳同步轨道卫星高度为 700 ~ 800 km，距离地球表面较近，能够更加清楚地观测地球。

如果卫星轨道是地球同步或地球静止的，则卫星环绕地球角速度的纬向分量等于地球自转角速度，卫星在轨道上运行一周需要的时间与地球自转周期相等。当轨道倾角为 0° 时，在地球上观察到的卫星是静止的；当轨道倾角接近 0° 时，从地球上观察卫星有一恒星日周期的微小摆动。地球同步或地球静止卫星的轨道高度约为 36 000 km，相对地球几乎静止，可以连续观测地球的一个固定区域。

高度计专用卫星不能采用太阳同步轨道运行，因为与半日潮和全日潮叠加在一起的潮汐恰好与太阳同步轨道卫星的位相相同或接近，从而无法分辨潮汐。高度计卫星需要在轨道设计上采用较小的轨道倾角；然而，较小的倾角又限制了卫星对极地区域的探测。例如，TOPEX/Poseidon 高度计卫星的轨道倾角为 66°，意味着该星只能够在 66°N—66°S 的区域内运行，而不能达到极地地区。

1.2 卫星简介

本节首先介绍我国已发射的海洋系列卫星，包括海洋水色卫星、海洋动力卫星和海洋监测监视卫星，以便读者了解我国在海洋卫星领域取得的令人瞩目的成就。随后，简要介绍我国其他可辅助用于海洋观测的卫星，包括气象卫星、高分卫星、资源卫星和导航卫星。最后介绍美国、欧洲等其他国家与地区的典型遥感卫星，拓展读者对全球海洋卫星网络的了解。

1.2.1 中国海洋卫星

2017 年 12 月 22 日，国家海洋局和国家国防科技工业局联合发布《海洋卫星业务发展“十三五”规划》，提出我国将建设海洋水色、海洋动力和海洋监视监测 3 个系列海洋卫星星座体系，并实现同时在轨组网运行、协同观测，基本建成系列化的海洋卫星观测体系、业务化的地面基础设施和定量化的应用服务体系。

截至本书成稿时间，我国已成功发射 13 颗主要服务于海洋领域的卫星，包括海洋一号（HY-1）系列卫星、海洋二号（HY-2）系列卫星、新一代海洋水色观测卫星 01 星、中法海洋卫星（China-France Oceanography Satellite，CFOSAT）以及高分三号（GF-3）系列卫星。这些卫星均运行于近极地太阳同步轨道，每轨扫描幅宽为 10 ~ 3 000 km。如表 1-1 所示，HY-1 系列卫星和新一代海洋水色观测卫星 01 星被称为水色卫星，HY-2 系列卫星和 CFOSAT 属于海洋动力卫星，GF-3 系列卫星则承担着海洋监视和监测的任务。随着 HY-1、HY-2 以及 GF-3 系列卫星组网全部完成，我国海洋卫星组网业务化观测格局全面形成，海洋卫星监测体系发展成为多星组网、多手段协同观测模式。

表 1-1　我国海洋卫星信息

卫星系列	卫星名称	发射时间	停用时间
海洋水色卫星	HY-1A	2002-05-15	2004-04-30
	HY-1B	2007-04-11	2011-04-11
	HY-1C	2018-09-07	
	HY-1D	2020-06-11	
	新一代海洋水色观测卫星01星	2023-11-16	
海洋动力卫星	HY-2A	2011-08-16	2020-06-10
	HY-2B	2018-10-25	
	HY-2C	2020-09-21	
	HY-2D	2021-05-19	
	CFOSAT	2018-10-29	
海洋监测监视卫星	GF-3 01	2016-08-10	
	GF-3 02/1 m C-SAR 01	2021-11-23	
	GF-3 03/1 m C-SAR 02	2022-04-07	

本节首先重点介绍我国的海洋卫星和气象卫星，然后简要介绍可用于海洋遥感探测的气象卫星、高分卫星、资源卫星以及导航卫星。

1.2.1.1　海洋水色卫星

海洋水色卫星上主要载荷为可见光与红外传感器，可用于海洋水温与水色环境要素探测，以及海岸带动态变化监测等。

2002 年 5 月 15 日，我国成功发射了第一颗海洋水色卫星——HY-1A，星上搭载中国海洋水色水温扫描仪（Chinese Ocean Color and Temperature Scanner，COCTS）和海岸带成像仪（Coastal Zone Imager，CZI）。2007 年 4 月 11 日，发射的 HY-1B 星上载荷同样为 COCTS 和 CZI。与 HY-1A 卫星相比，HY-1B 卫星的观测能力和探测精度得到了进一步提高。2020 年 6 月 11 日，HY-1D 卫星成功升空，与 2018 年 9 月 7 日发射的 HY-1C 卫星一起实现了上午和下午卫星组网，提高了全球覆盖能力。HY-1C/D 卫星载荷为 COCTS、CZI、紫外成像仪（Ultra-Violet Imager，UVI）、星上定标光谱仪（Satellite-based Calibration Spectrometer，SCS）和一套船舶自动识别系统（Automatic Identification System，AIS），其观测要素、观测范围、分辨率等信息列于表 1-2 中。

2023 年 11 月 16 日，新一代海洋水色观测卫星 01 星发射升空，该卫星是世界首颗针对全球多种水体采用多种探测手段的海洋水色观测卫星，综合性能指标与国际第三代水色卫星水平相当，标志着我国正式迈入水色卫星观测的国际先进行列。该卫星与 HY-1C/D 卫星在轨组网运行，进一步提升了我国海洋水色卫星遥感应用能力。

表 1-2　HY-1C/D 卫星观测要素、观测范围、分辨率及幅宽

<table>
<tr><td rowspan="2">观测要素</td><td>主要要素</td><td colspan="3">海水光学特性、叶绿素浓度、悬浮泥沙含量、可溶有机物、海表温度</td></tr>
<tr><td>兼顾要素</td><td colspan="3">海冰冰情、绿潮、赤潮、海洋初级生产力、海岸带要素、植被指数、海上大气气溶胶、大洋船舶信息</td></tr>
<tr><td rowspan="5">观测范围</td><td rowspan="2">观测区域</td><td colspan="2">实时观测区</td><td>西北太平洋区域，即渤海、黄海、东海、南海和日本海及海岸带区域等</td></tr>
<tr><td colspan="2">非实时观测区</td><td>西北太平洋区域之外的全球其他区域</td></tr>
<tr><td rowspan="3">覆盖周期</td><td colspan="2">COCTS</td><td>1d/星或0.5d/2星</td></tr>
<tr><td colspan="2">CZI</td><td>3d/星</td></tr>
<tr><td colspan="2">UVI</td><td>1d/星</td></tr>
<tr><td rowspan="9">分辨率及幅宽</td><td rowspan="5">分辨率</td><td colspan="2">COCTS</td><td>≤1 100 m</td></tr>
<tr><td colspan="2">CZI</td><td>≤50 m</td></tr>
<tr><td colspan="2">UVI</td><td>≤550 m</td></tr>
<tr><td rowspan="2">SCS</td><td>紫外谱段</td><td>≤550 m</td></tr>
<tr><td>可见近红外谱段</td><td>≤1 100 m</td></tr>
<tr><td rowspan="4">幅宽</td><td colspan="2">COCTS</td><td>≥2 900 km</td></tr>
<tr><td colspan="2">CZI</td><td>≥950 km</td></tr>
<tr><td colspan="2">UVI</td><td>≥2 900 km</td></tr>
<tr><td colspan="2">SCS</td><td>≥11 km</td></tr>
</table>

注：信息来源于国家卫星海洋应用中心，2018年，http://www.nsoas.org.cn。

1.2.1.2　海洋动力卫星

海洋动力环境系列卫星上主要载荷为微波辐射计、散射计、雷达高度计等。其中，微波辐射计主要用于测量海面温度、盐度、风速、海冰、水汽等信息；散射计主要用于获取全球海面风矢量信息；雷达高度计主要用于测量海面高度、海面地形、有效波高、地转流、潮汐、海冰等动力环境参数。

2011 年 8 月 16 日，我国首颗海洋动力环境卫星 HY-2A 成功发射，主要载荷为扫描微波辐射计（Scanning Microwave Radiometer，SMR）、雷达高度计和散射计（HY-2 scatterometer，HSCAT），创造了我国遥感卫星领域首次实现厘米级高精度测定轨、首次实现主被动微波传感器于一体等多个第一。HY-2B 卫星于 2018 年 10 月 25 日发射，星上搭载了雷达高度计、微波散射计、SMR、校正辐射计和 AIS。2020 年 9 月 21 日发射的 HY-2C 搭载了雷达高度计、HSCAT、校正辐射计、AIS 和数据收集系统。2021 年 5 月 19 日，HY-2D 卫星成功升空，其技术指标与 HY-2C 完全相同。自此，HY-2B、HY-2C 和 HY-2D 实现了三星组网，构建了我国首个海洋动力环境卫星星座。组网运行后，我国对全球海洋监测的覆盖能力达到 90% 以上，监测效率和精度均达到国际领先水平（蒋兴伟等，2019）。

CFOSAT 于 2018 年 10 月 29 日成功发射，搭载了海浪波谱仪（Surface Waves Investigation and Monitoring，SWIM）和散射计。作为中法两国合作研制的首颗卫星，CFOSAT 在国际上首次实现了海面风和浪的大面积、高精度同步联合观测，增强了我国和法国的海洋遥感观测能力，为双方应用研究合作和全球气候变化研究奠定了重要基础（Hauser et al., 2016；Hermozo et al., 2022）。

1.2.1.3　海洋监测监视卫星

海洋监测监视卫星即 GF-3 系列卫星，星上主要载荷为合成孔径雷达（Synthetic Aperture Radar，SAR）。SAR 是一种多用途海洋环境监测传感器，可实现对海浪、海面风场、海流、海洋内波、涡旋、上升流、海洋锋、海冰、溢油、绿潮、舰船、岸线、浅海地形等的全天时与全天候观测。

GF-3 卫星（也称“GF-3 01 星”）于 2016 年 8 月 10 日成功发射，是我国自主研制的首颗 C 波段、多极化、高分辨率 SAR 卫星。GF-3 01 SAR 具备 12 种成像模式，涵盖传统的条带成像模式和扫描成像模式，以及面向海洋应用的波模式和全球观测模式，主要技术指标达到或超过国际同类卫星 SAR 水平（Song and Sun, 2018）。2021 年 11 月发射的 1 m C-SAR 01 业务卫星（也称“GF-3 02 星”）是我国首颗 SAR 业务卫星，标志着我国 SAR 卫星由科学试验型向业务应用型的转变。与 GF-3 01 星相比，GF-3 02 星载 SAR 在成像质量、探测效能、定量化应用等多个方面进行了提升。2022 年 4 月 7 日，我国第二颗 C 波段多极化 SAR 业务卫星，即 1 m C-SAR 02 业务卫星（也称“GF-3 03 星”）成功发射，两颗 1 m C-SAR 卫星指标性能一致，能够获取多极化、高分辨率、大幅宽、定量化的海陆观测数据。自此，GF-3 01 星、GF-3 02 星、GF-3 03 星实现了三星组网运行。

3 颗卫星完成组网后，与单颗卫星相比，平均重访时间由 15 h 缩短至 5 h，对海洋大面积成像能力翻倍提升，可实现一次成像观测全球近 1/5 的海洋，大大地提升了我国雷达卫星海陆观测能力。

1.2.2　中国气象、高分、资源与导航卫星

1.2.2.1　气象卫星

气象卫星具有多载荷、多光谱、三维、定量综合对地观测等特点，通过星上搭载的各种气象观测仪器，测量诸如大气温度、湿度、风、云等气象要素。

我国早在 20 世纪 70 年代就开始发展气象卫星，截至 2023 年 8 月已发射了 21 颗气象卫星，其中 9 颗在轨运行，是继美国和俄罗斯之后第三个同时拥有极轨气象卫星和静止气象卫星的国家。表 1–3 和表 1–4 分别汇总了我国已经发射的风云系列极轨和静止气象卫星的基本情况。

风云一号（FY-1）系列卫星是中国第一代极轨气象卫星，主要载荷为多通道可见光和红外扫描辐射计（Multichannel Visible Infrared Scanning

Radiometer，MVISR），用于获取国内外大气、云、陆地、海洋资料。风云三号（FY-3）系列卫星是我国第二代极轨气象卫星。与FY-1相比，FY-3在功能和技术上向前跨进了一大步，主要载荷为微波成像仪（Microwave Radiation Imager，MWRI）、全球导航卫星掩星探测仪（Global Navigation Satellite System Occultation Sounder，GNOS）、GNOS-Ⅱ等，解决了三维大气探测问题，大幅度提高了全球资料获取能力，进一步提高了云区和地表特征遥感能力。

风云二号（FY-2）系列卫星是我国自行研制的第一代地球静止轨道气象卫星，主要载荷为可见光红外自旋扫描辐射计（Visible and Infrared Spin Scan Radiometer，VISSR），可获取白天可见光图像、昼夜红外图像和水汽分布图，监测太阳活动和卫星所处轨道的空间环境。风云四号（FY-4）系列卫星是我国第二代静止气象卫星，搭载了先进的静止轨道辐射成像仪（Advanced Geostationary Radiation Imager，AGRI），以满足海洋、农业、林业、水利以及环境、空间科学等领域的观测需求。

表1-3 风云极轨气象卫星信息

卫星系列	卫星名称	发射时间	停用时间	轨道高度
风云一号	FY-1A	1988–09	1988–10	900 km
	FY-1B	1990–09	1991–08	900 km
	FY-1C	1999–05	2004–04	862 km
	FY-1D	2002–05	2012–04	866 km
风云三号	FY-3A	2008–05	2018–02	836 km
	FY-3B	2010–11	2020–06	836 km
	FY-3C	2013–09	在轨	836 km
	FY-3D	2017–11	在轨	836 km
	FY-3E	2021–07	在轨	831 km
	FY-3G	2023–04	在轨	407 km
	FY-3F	2023–08	在轨	836 km

注：信息来源于国家卫星气象中心，2023年，https://www.nsmc.org.cn/nsmc/cn/satellite/index.html。

表 1-4　风云静止气象卫星信息

卫星系列	卫星名称	发射时间	停用时间
风云二号	FY-2A	1997-06	1998-04
	FY-2B	2000-06	2004-09
	FY-2C	2004-10	2009-11
	FY-2D	2006-12	2015-06
	FY-2E	2008-12	2019-01
	FY-2F	2012-01	2022-04
	FY-2G	2014-12	在轨
	FY-2H	2018-06	在轨
风云四号	FY-4A	2016-12	在轨
	FY-4B	2021-06	在轨

注：信息来源于国家卫星气象中心，2023年，https://www.nsmc.org.cn/nsmc/cn/satellite/index.html。

1.2.2.2　高分卫星

高空间分辨率遥感图像通常指的是空间分辨率优于 5 m 的遥感图像。全球已经有超过30颗来自13个国家的光学商业高分辨率遥感卫星进入了外太空。其中，最具代表性的卫星包括美国的 IKONOS 和 QuickBird、法国的 SPOT、日本的 ALOS 等，我国自 2013 年 4 月开始推出高分辨率遥感卫星（简称“高分卫星”）(Suo et al., 2018)。

高分（GF）系列卫星，属于高分辨率对地观测系统重大专项（高分专项）工程，是《国家中长期科学和技术规划发展纲要（2006—2020 年）》确立的 16 个国家重大科技专项之一。该专项建立的初衷是建立一整套高时间分辨率、高空间分辨率、高光谱分辨率的自主可控卫星系列。目前，GF 系列卫星涵盖了从全色、多光谱到高光谱波段的观测能力，形成了具有高空间、时间和光谱分辨率的地球观测系统，所获取的数据也可用于海洋领域。表 1-5 列出了我国 GF 系列卫星的发射时间。其中，GF-4 卫星运行于地球同步轨道，其他卫星运行于太阳同步轨道。

表 1-5　高分卫星信息

卫星系列	卫星名称	发射时间	卫星系列	卫星名称	发射时间
GF-1	GF-1	2013-04-26	GF-9	GF-9 03	2020-06-17
	GF-1 02	2018-03-30		GF-9 04	2020-08-06
	GF-1 03	2018-03-30		GF-9 05	2020-08-23
	GF-1 04	2018-03-30	GF-10	GF-10	2016-08-31
GF-2	GF-2	2014-08-19		GF-10R	2019-10-04
GF-3	GF-3	2016-08-09	GF-11	GF-11	2016-07-31
	GF-3 02	2021-11-22		GF-11 02	2020-09-07
	GF-3 03	2022-04-06		GF-11 03	2021-11-20
GF-4	GF-4	2015-12-29		GF-11 04	2022-12-27
GF-5	GF-5	2018-05-08	GF-12	GF-12	2019-11-27
	GF-5 02（GF-5 B）	2021-09-07		GF-12 02	2021-03-30
	GF-5 01A	2022-12-08		GF-12 03	2022-06-27
GF-6	GF-6	2018-06-02		GF-12 04	2023-08-20
GF-7	GF-7	2019-11-03	GF-13	GF-13	2020-10-11
GF-8	GF-8	2015-06-26		GF-13 02	2023-03-17
GF-9	GF-9 01	2015-09-14	GF-14	GF-14	2020-12-06
	GF-9 02	2020-05-31	GF-DM	GF-DM	2020-07-03

GF 系列卫星中，GF-2 卫星是我国自主研制的首颗空间分辨率优于 1 m 的民用光学遥感卫星，其成功发射标志着我国遥感卫星进入了亚米级“高分时代”。该卫星搭载两台高分辨率（全色 1 m、多光谱 4 m 分辨率）相机，实现了拼幅成像。地球静止卫星 GF-4 搭载一台凝视相机（可见光 50 m、中波红外 400 m 分辨率），具备可见光、多光谱和红外成像能力，开拓了我国地球同

步轨道高分辨率对地观测的新领域。GF-5 卫星是世界上第一颗同时对陆地和大气进行综合观测的高光谱卫星，其搭载的可见光和短波红外高光谱相机是国际上首台同时兼顾宽覆盖和宽谱段的高光谱相机。GF-6 卫星实现了八谱段 CMOS（Complementary Metal-Oxide-Semiconductor）探测器的国产化研制，并首次增加了能够有效反映作物特有光谱特性的“红边”波段，从而大幅度提高了农业、林业、草原等资源监测能力。2020 年 7 月发射的高分辨率多模综合成像卫星（简称“高分多模卫星”，GF-DM）是《国家民用空间基础设施中长期发展规划（2015—2025 年）》中分辨率最高的光学遥感卫星，也是我国第一颗 0.5 m 分辨率敏捷智能遥感卫星，配置了 4 类有效载荷：高分辨率光学相机（全色 0.5 m、多光谱 2 m 分辨率）、二十通道大气同步校正仪、数据传输设备（含在轨图像处理、区域提取功能）和星间激光通信终端。

1.2.2.3　资源卫星

资源卫星是专门用于探测和研究地球资源的卫星，一般采用太阳同步轨道，在国土资源、农林水利、环境保护、减灾救灾等领域发挥着重要的作用。我国资源系列卫星从 20 世纪 80 年代开始研制，发射了资源一号（ZY-1）至资源三号（ZY-3）3 个系列卫星。

ZY-1 01 星（又称“CBERS-01”）和 ZY-1 02 星（又称“CBERS-02”）由我国和巴西联合研制，分别于 1999 年 10 月 14 日和 2003 年 10 月 21 日发射。其中，ZY-1 01 星是我国发射的第一颗民用国产陆地观测卫星，星上有效载荷包括 1 台 5 波段 CCD 相机、1 台 4 波段红外多光谱扫描仪和 1 台 2 波段宽视场成像仪。ZY-1 02B 星于 2007 年 9 月发射升空，首次搭载 2.36 m 高分辨率相机，具备全色多光谱同时成像的能力，在轨运行两年 7 个月。ZY-1 02C 星于 2011 年 12 月 22 日发射，是我国第一颗国土资源普查的业务卫星，搭载 5 m 全色多光谱相机、2.36 m 全色高分辨率相机和 10 m 的 PMS 多光谱相机，幅宽达到 54 km。ZY-1 02D（又称“5 m 光学卫星 01 星”）于 2019 年 9 月 12 日发射，是我国首颗民用高光谱业务卫星，搭载 9 谱段多光谱相机和 166 谱段高光谱相机，提供 2.5 m 全色、10 m 多光谱和 30 m 高光谱影像数据。ZY-1 02E（又称“5 m 光学卫星 02 星”）于 2021 年 12 月 26 日成功发射，继承 ZY-1 02D 成熟设计并与之组网运行。该星除配置与 ZY-1 02D 卫星相同的可见近红外、高光谱相机外，还新增 1 台空间分辨率为 16 m、115 km 幅宽的推扫式热红外相机，使该星进一步具备 8 ~ 10 μm 的热红外探测能力。ZY-1 04 星（又称“CBERS-04”）于 2014 年 12 月 7 日发射，由我国和巴西合作完成，搭载 5 m 全色、10 m 多光谱相机、20 m 多光谱相机、40 m/80 m 的红外相机和分辨率为 67 m 的宽视场成像仪。

ZY-2 卫星是我国新一代传输型遥感卫星，其包含的 ZY-2 01 星、ZY-2 02 星和 ZY-2 03 星分别于 2000 年 9 月、2002 年 10 月和 2004 年 11 月发射，并实现了三星组网。ZY-2 卫星搭载红外和可见光相机、多光谱扫描仪、微波辐射计、多功能雷达、重力及磁力遥感等多种遥感设备，用于国土资源勘查、环境监测与保护、城市规划、农作物估产、防灾减灾和空间科学试验等领域，目前已停止工作。

ZY-3 卫星包含 ZY-3 01 星和 ZY-3 02 星，分别于 2012 年 1 月和 2016 年 5 月发射。其中，ZY-3 01 星是我国首颗民用高分辨率光学传输型立体测图卫星，集测绘和资源调查功能于一体。该卫星的主要任务是长期、连续、稳定、快速地获取覆盖全国的高分辨率立体影像和多光谱影像，星上搭载的前视、后视、正视相机可以获取同一地区 3 个不同观测角度立体像对，能够提供丰富的三维几何信息，填补了我国立体测图领域的空白。

1.2.2.4 导航卫星

北斗卫星导航系统（Beidou Navigation Satellite System，BDS，又称“COMPASS”）是我国着眼于国家安全和经济社会发展需要，自主建设运行的全球卫星导航系统，是为全球用户提供全天候、全天时、高精度的定位、导航和授时服务的国家重要时空基础设施，也是继美国 GPS（Global Positioning

System）、俄罗斯 GLONASS（GLObalnaya NAvigatsionnaya Sputnikovaya Sistema）之后的第三个成熟的卫星导航系统，在海洋领域主要用于海洋气象和海洋灾害的探测，包括水汽和电离层电子浓度、海风、海浪等，有助于提高暴雨暴雪、近海大风大雾、海浪、台风等的预报能力（邹伟和王世明，2016）。

BDS 是由地球静止卫星和中地球轨道卫星（即卫星轨道位于地球低轨和静止轨道之间）组成的混合导航星座。我国高度重视北斗系统建设发展，自 20 世纪 80 年代开始探索适合国情的卫星导航系统发展道路，形成了“三步走”发展战略。第一步，建设北斗一号系统。1994 年，启动北斗一号系统工程建设；2000 年，发射两颗地球静止轨道卫星；2003 年，发射第三颗地球静止轨道卫星，进一步增强系统性能。第二步，建设北斗二号系统。2004 年，启动北斗二号系统工程建设；2012 年底，完成 14 颗卫星（5 颗地球静止轨道卫星、5 颗倾斜地球同步轨道卫星和 4 颗中圆地球轨道卫星）发射组网。在兼容北斗一号系统技术体制基础上，增加无源定位体制，为亚太地区用户提供定位、测速、授时和短报文通信服务。第三步，建设北斗三号系统。2009 年，启动北斗三号系统建设；2018 年底，完成 19 颗卫星发射组网，完成基本系统建设，向全球提供服务。2020 年 6 月 23 日，北斗三号最后一颗全球组网卫星——北斗系统第五十五颗导航卫星成功升空，至此，北斗三号全球卫星导航系统星座部署全面完成。

1.2.3 国外遥感卫星

本节简要介绍美国、欧洲、加拿大、日本、韩国等发射的一些具有代表性的海洋与气象卫星。

1.2.3.1 美国卫星

DMSP（Defense Meteorological Satellite Program）卫星：属于美国国防部极轨气象卫星计划，自 1965 年 1 月 19 日发射第一颗卫星以来，至今已发射 7 代 40 多颗卫星。主要载荷包括线性扫描业务系统（Operational Linescan System，OLS）、专用传感器微波辐射计（Special Sensor Microwave/

Temperature，SSM/T）、SSM/T-2、专用传感器微波成像仪（Special Sensor Microwave/Imager，SSM/I）、专用传感器微波成像仪/探测仪（Special Sensor Microwave Imager/Sounder，SSMIS）等，能够测量云层分布、云顶温度、地面火情、大气温湿廓线、降水、液态水、海冰、海面风速等。

NOAA 气象卫星：采用太阳同步轨道，由美国国家海洋和大气管理局（National Oceanic and Atmospheric Administration，NOAA）管理。第一颗卫星于 1970 年 12 月发射，先后经历了试验（TIROS 系列）、第一代业务卫星（ESSA）、第二代业务卫星（ITOS-NOAA 1 ~ 5）、第三代业务卫星（TIROS-N/NOAA 6 ~ 7）、第四代业务卫星（NOAA 8 ~ 14）和第五代业务卫星（NOAA 15 ~ 19）。其中，第五代业务卫星主要载荷为高级甚高分辨率辐射计（Advanced Very High Resolution Radiometer/3，AVHRR/3）、高分辨率红外辐射探测仪（High Resolution Infrared Radiation Sounder-3，HIRS-3）、高级微波探测单元 A 型（Advanced Microwave Sounding Unit-A，AMSU-A）等。

GOES（Geostationary Operational Environmental Satellites）卫星：NOAA 的静止轨道业务环境卫星系列，采用双星运行体制。GOES-East 和 GOES-West 卫星分别定点在 75°W 和 135°W 的赤道上空，覆盖范围为 20°W—165°E，可观测近 1/3 的地球面积。GOES 卫星自 1975 年至今已经历了 3 代，第一代（GOES-1 ~ 3）搭载有可见光红外扫描辐射计（Visible Infrared Spin-Scan Radiometer，VISSR），第二代（GOES-4 ~ 7）在 VISSR 的基础上增加了大气探测器。1994 年 4 月 13 日，首颗第三代业务静止气象卫星 GOES-8 发射成功，采用三轴稳定，搭载成像仪、大气探测器等。

SEASAT-A 卫星：于 1978 年发射，是国际上首颗专门用于海洋观测的卫星，主要载荷为 SAR、多频率扫描微波辐射计（Scanning Multi-frequency Microwave Radiometer，SMMR）、雷达高度计等传感器，首次实现了全天时、全天候全球海洋高分辨率探测。

GEOSAT（Geodetic/Geophysical Satellite）卫星与 GFO（GEOSAT Follow-

On）卫星：GEOSAT 卫星由美国海军于 1985 年发射，主要载荷为雷达高度计，其主要任务是获得高精度全球大地水准面信息并进行海浪、涡旋、风速、海冰等的观测。GFO 卫星是 GEOSAT 的后续卫星，于 1998 年 2 月 10 日发射，搭载 GEOSAT 后续卫星雷达高度计（GEOSAT Follow-On Radar Altimeter，GFO-RA）、水汽辐射计（Water Vapor Radiometer，WVR）等。

QuikSCAT（Quik Scatterometer）卫星：于 1999 年发射，2009 年 11 月 23 日停止工作。采用太阳同步轨道，主要载荷为风散射计（SeaWinds Scatterometer，SeaWinds），用于测量全球海洋表面风速和风向。

SeaStar 卫星：又名 Orbview-2 卫星，主要载荷为海洋宽视场水色扫描仪（Sea-viewing Wide Field of View Sensor，SeaWiFS），用于监测海洋中的植物生长和色素分布。

EOS（Earth Observation System）卫星：是美国地球观测系统计划中一系列卫星的简称，采用近极地太阳同步轨道，主要任务是实现对大气、海洋、陆地等的连续观测。EOS 系列卫星第一颗上午（10:30）星是 Terra 卫星（又称“EOS/AM”），于 1999 年 12 月发射，主要载荷为中等分辨率光谱成像仪（Moderate-resolution Imaging Spectroradiometer，MODIS）、云和地球辐射能量系统（Clouds and the Earth’s Radiant Energy System，CERES）等。EOS 系列卫星第一颗下午（13:30）星是 Aqua 卫星（又称“EOS/PM”），于 2002 年 5 月发射，除 MODIS 和 CERES 外，还携带 EOS 高级微波扫描辐射计（Advanced Microwave Scanning Radiometer for EOS，AMSR-E）、大气红外探测仪（Atmospheric Infrared Sounder，AIRS）、AMSU 等传感器。2004 年 7 月发射的 Aura 卫星是继 Terra 卫星和 Aqua 卫星后的又一颗重要的 EOS 卫星，携带臭氧监视仪（Ozone Monitoring Instrument，OMI）等，主要用于监测地球大气层的臭氧、空气质量和主要气候参数等。

JPSS（The Joint Polar Satellite System）卫星：由 NOAA 和美国国家航空航天局（National Aeronautics and Space Administration，NASA）合作研

发，采用太阳同步轨道，包括 5 颗卫星：Suomi NPP（National Polar-orbiting Partnership）卫星（又称“SNPP”）、NOAA-20（又称“JPSS-1”）、NOAA-21（又称“JPSS-2”）以及未来计划发射的 JPSS-3 卫星和 JPSS-4 卫星。其中，Suomi NPP 卫星于 2011 年 10 月 28 日发射，主要载荷为可见光红外成像辐射计（Visible Infrared Imaging Radiometer，VIIRS）、高级微波探测器（Advanced Technology Microwave Sounder，ATMS）、臭氧成像廓线仪（Ozone Mapping and Profiler Suite，OMPS）、CERES 和跨轨红外探测仪（Cross-track Infeared Sounder，CrIS）。JPSS-1 卫星于 2017 年 11 月发射，携带高分辨率成像仪、微波辐射计和大气温度探测器。JPSS-2 卫星于 2022 年 11 月发射，携带 VIIRS、ATMS、OMPS 和 CrIS，能够探测海面温度、大气温度和湿度、云、气溶胶、臭氧等。

Coriolis 卫星：由美国国防部“太空实验计划”和美国空间和海上作战司令部研发，于 2003 年 1 月 6 日发射，采用太阳同步轨道，搭载了全球首个全极化微波辐射计（WindSat Polarimetric Radiometer，WindSat）。

ICESat（Ice，Cloud，and Land Elevation Satellite）卫星：是全球首颗对地观测激光测高卫星，由 NASA 于 2003 年 1 月 13 日发射，主要用于探测冰盖质量平衡、云和气溶胶高度以及陆地地形和植被特征，星上主要载荷为地球科学激光测高系统（Geoscience Laser Altimeter System，GLAS）。2018 年 9 月发射的 ICESat-2 卫星是第二代星载激光雷达卫星，相对于第一代 ICESat 卫星有较大的升级，搭载了先进地形激光测高系统（Advanced Topographic Laser Altimeter System，ATLAS）。

SMAP（Soil Moisture Active and Passive）卫星：采用太阳同步轨道，于 2015 年 1 月 31 日发射。主要载荷为 L 波段雷达和 L 波段微波辐射计，可实现对全球海面盐度、风速等的测量。由于雷达电源故障，雷达仪器已于 2015 年停止运行。

CYGNSS（Cyclone Global Navigation Satellite System）星座：NASA

于 2016 年 12 月 15 日发射，由 8 颗小卫星组成，卫星在低地球轨道上能够探测中低纬度（38°N—38°S）的海面风速，且几乎不受降雨影响。平均重访时间为 7.2 h。每颗卫星搭载 1 台延时多普勒映射接收机（Delay Doppler Map Instrument，DDMI）和 3 副专用接收天线。其中，1 副天线用于接收导航定位信号，另外两副天线用于接收海面反射信号。

1.2.3.2 欧洲卫星

ERS（European Remote Sensing Satellite）卫星：采用太阳同步轨道，包括 ERS-1、ERS-2 两颗卫星。ERS-1 由欧洲空间局（ESA，简称“欧空局”）于 1991 年 7 月 17 日发射，2000 年 3 月 10 日服役结束；ERS-2 卫星于 1995 年 4 月 21 日发射，2003 年 6 月失去星上数据存储能力，此后仅支持实时观测数据传输。ERS-1/2 卫星主要载荷为主动微波装置（Active Microwave Instrument，AMI）、雷达高度计（Radar Altimeter，RA）、沿轨迹扫描辐射计（Along-Track Scanning Radiometer，ATSR）、全球臭氧监测实验仪器（Global Ozone Monitoring Experiment，GOME）等传感器。

Envisat（Environmental Satellite）卫星：是 ERS-1/2 卫星的后续卫星，于 2002 年发射，2012 年失去联系。Envisat 卫星是一颗多用途卫星，星上载有多种传感器，包括雷达高度计 -2（Radar Altimeter-2，RA-2）、高级合成孔径雷达（Adcanced Synthetic Aperture Radar，ASAR）、高级沿轨扫描辐射计（Advanced Along-Track Scanning Radiometer，AATSR）、中等分辨率成像光谱仪（MEdium Resolution Imaging Spectrometer，MERIS）、全球臭氧掩星监测仪（Global Ozone Monitoring by Occultation of Stars，GOMOS）等，主要用于提供海洋、大气、陆地和冰川等测量信息。

MetOp（Meteorological Operational Satellite Program of Europe）卫星：ESA 与欧洲气象卫星组织（European Organisation for the Exploitation of Meteorological Satellites，EUMETSAT）合作的 MetOp 第一代气象卫星系列，采用太阳同步轨道。共包括 3 颗卫星，分别为 2006 年发射的 MetOp-A 卫星、2012 年

发射的 MetOp-B 卫星和 2018 年发射的 MetOp-C 卫星。星上主要载荷为 NOAA 系列卫星的 AMSU-A、C 波段先进散射计（Advanced Scatterometer，ASCAT）、微波湿度探测仪（Microwave Humidity Sounder，MHS）、全球导航卫星系统大气探测接收器（Global Navigation Satellite System Receiver for Atmospheric Sounding，GRAS）等，可提供温度、风、降水、海冰、气溶胶等的全球观测。

GOCE（Gravity field and steady-state Ocean Circulation Explorer）卫星：由 ESA 于 2009 年发射，采用太阳同步轨道，主要任务是测量地球的重力场。GOCE 是全球首颗用于探测地核结构的卫星，其测量数据也被广泛用于研究海洋地形和洋流的变化。

SMOS（Soil Moisture and Ocean Salinity）卫星：由 ESA 于 2009 年 11 月 2 日发射，采用太阳同步轨道。星上唯一有效载荷为第一部采用干涉技术的综合孔径微波辐射计（Microwave Imaging Radiometer using Aperture Synthesis，MIRAS），主要任务是测量全球土壤湿度和海面盐度。

CryoSat（Earth Explorer Opportunity Mission）卫星：采用太阳同步轨道，主要任务是监测极地地区的冰层和冰川变化。CryoSat-1 卫星于 2005 年 10 月 8 日发射失败，CryoSat-2 卫星于 2010 年 4 月 8 日发射，主要载荷为 Ku 频段合成孔径干涉雷达高度计（Synthetic Aperture Interferometric Radar Altimeter，SIRAL）。

哨兵（Sentinel）卫星：包括 Sentinel-1 至 Sentinel-6 6 个系列。Sentinel-1A/B 主要载荷为 C 波段 SAR，用于陆地和海洋的全天时、全天候雷达成像。Sentinel-2A/B 极轨卫星携带多光谱成像仪（Multispectral Imager，MSI），主要任务是多光谱高分辨率成像。Sentinel-3A/B 卫星的主要载荷为海陆色度仪（Ocean and Land Color Instrument，OLCI）、海陆表面温度辐射计（Sea and Land Surface Temperature Radiometer，SLSTR）、微波辐射计、Ku/C 波段合成孔径雷达高度计（Synthetic Aperture Radar Altimeter，SRAL）等，可

测量海面温度、海洋水色、海面地形等。以上卫星均采用太阳同步轨道。Sentinel-4 任务将搭载在欧洲气象卫星开发组织（EUMETSAT）计划发射的第三代静止气象卫星（MTG-S1）上，携带紫外—可见光—近红外成像光谱仪，主要目标是监测欧洲上空的空气质量和气溶胶。Sentinel-5 Precursor（也称“Sentinel-5P”）是未来计划发射的 Sentinel-5 卫星的先驱卫星，携带对流层观测仪（TROPOspheric Monitoring Instrument，TROPOMI），可以观测全球大气中痕量气体组分。Sentinel-6 包括两颗卫星，第一颗（Sentinel-6A）已于 2020 年 11 月 21 日发射，第二颗（Sentinel-6B）计划于 2025 年发射，旨在为 1992 年开始的 TOPEX/Poseidon 及 Jason 系列高度计卫星海平面测量和海况观测提供连续的时间序列，星上主要载荷为 Ku/C 波段合成孔径雷达高度计、Poseidon 4 雷达高度计、微波辐射计等。表 1–6 列出了 Sentinel 系列卫星的发射时间。

表 1–6 Sentinel 系列卫星的发射时间

卫星系列	卫星名称	发射时间
Sentinel-1	Sentinel-1A	2014–04–03
	Sentinel-1B	2016–04–25
Sentinel-2	Sentinel-2A	2015–06–23
	Sentinel-2B	2017–03–07
Sentinel-3	Sentinel-3A	2016–02–16
	Sentinel-3B	2018–04–25
Sentinel-5P	Sentinel-5P	2017–10–13
Sentinel-6	Sentinel-6A	2020–11–21

1.2.3.3 其他国家的遥感卫星

（1）加拿大卫星

RADARSAT（RADAR Satellite）卫星：加拿大航天局（Canadian Space

Agency，CSA）发射的 SAR 专用卫星，包括 RADARSAT-1 和 RADARSAT-2 两颗卫星，分别于 1995 年 11 月 4 日和 2007 年 12 月 14 日发射。均采用太阳同步轨道，主要载荷为 C 频段 SAR，具有 7 种模式、25 种波束和不同入射角，具有多种分辨率和不同幅宽。

RCM（Radarsat Constellation Mission）卫星星座：是 RADARSAT-2 的后续任务。RCM 由 3 颗构型完全相同的卫星组成，均采用太阳同步轨道，3 颗卫星运行于同一轨道面，等间距分布，相邻两颗卫星的时距为 32 min。这种多颗小卫星组网协同观测的方式，与单个大卫星相比更稳健、更灵活，能够实现更快速地重访和动态监测。RCM 卫星载有 C 波段 SAR，AIS 为次级有效载荷，可独立或与 SAR 结合使用。与 RADARSAT-2 相比，RCM 卫星有很多改进，包括增加了 AIS 载荷，改进对船只的探测和跟踪能力；采用了新的紧凑极化模式；星座设计提高重访能力，精确重访时间从 RADARSAT-2 卫星的 24 d 缩短到 4 d。

（2）日本卫星

Himawari 卫星：是日本气象厅（Japan Meteorological Agency，JMA）地球静止气象卫星的统称，又称“向日葵 / 葵花卫星”。第一代称为地球静止气象卫星（Geostationary Meteorological Satellite，GMS），包括 Himawari-1 至 Himawari-5。第二代称为多用途运输卫星（Multi-functional Transport Satellite，MTSat），包括 Himawari-6 与 Himawari-7。首颗第三代气象卫星 Himawari-8 于 2014 年 10 月 7 日成功发射，并于 2015 年 7 月完成在轨测试后正式投入运行。Himawari-8 的主要有效载荷是先进葵花成像仪（Advanced Himawari Imagers，AHI），在全盘扫描模式下，时空分辨率最高可达 10 min 和 500 m。Himawari-9 卫星采用相同设计，于 2016 年 11 月 2 日发射。自 2022 年 12 月起，Himawari-8 卫星的业务运作由 Himawari-9 卫星取代。

ADEOS（Advanced Earth Observing Satellite）卫星：由日本国家宇宙开发集团（National Space Development Agency of Japan，NASDA）开发和管理，包

括 ADEOS-1 和 ADEOS-2 两颗卫星，分别于 1996 年 8 月 17 日和 2002 年 12 月 14 日发射，运行轨道为太阳同步轨道。载有高级微波扫描辐射计（Advanced Microwave Scanning Radiometer，AMSR）、海洋水色水温扫描仪（Ocean Color and Temperature Scanner，OCTS）、全球成像仪（Global Imager，GLI）、SeaWinds 散射计等传感器。

GCOM（Global Change Observation Mission）卫星：是日本宇宙航空研究开发机构（Japan Aerospace Exploration Agency，JAXA）开发的对地观测卫星，计划发射 3 颗 GCOM-W 卫星（GCOM-W1、GCOM-W2、GCOM-W3）和 3 颗 GCOM-C 卫星（GCOM-C1、GCOM-C2、GCOM-C3）。GCOM-W 卫星主要进行地球水的观测，GCOM-C 卫星主要进行地球 CO_2 的观测。其中，GCOM-W1 是 GCOM 任务的首颗卫星，于 2012 年 5 月 17 日发射，载有 AMSR2；GCOM-C1 于 2017 年 12 月发射，载有第二代全球成像仪（Second generation GLobal Imager，SGLI）。

（3）韩国卫星

GCOM-C（Communication Ocean and Meteorological Satellite）卫星：又称“千里眼（Chollian）卫星”，是韩国开发的地球静止卫星，主要任务是进行朝鲜半岛及周边区域的气象和海洋观测。于 2010 年 6 月 26 日发射，星上载有地球静止海洋水色成像仪（Geostationary Ocean Color Imager，GOCI）、气象成像仪等。

GEO-KOMPSAT-2（Geostationary-Korea Multi-Purpose Satellite-2）卫星：是 COMS 卫星的延续，包括气象卫星 GEO-KOMPSAT-2A（GK-2A）和海洋监测卫星 GEO-KOMPSAT-2B（GK-2B），分别于 2018 年 12 月和 2020 年 2 月发射。GK-2A 卫星载有高级气象成像仪（Advanced Meteorological Imager，AMI）和韩国空间环境监测仪（Korean Space Environment Monitor，KSEM），GK-2B 卫星载有地球静止海洋水色成像仪Ⅱ（Geostationary Ocean Color Imager-Ⅱ，GOCI-Ⅱ）和全球环境监测仪（Global Environmental Monitoring

Sensor，GEMS）。在全盘扫描模式下，GOCI-Ⅱ时空分辨率最高可达 10 min 和 250 m。

（4）印度卫星

Oceansat 卫星：包括 Oceansat-1、Oceansat-2 和 Oceansat-3 3 颗卫星。其中，Oceansat-1 是印度首颗用于海洋观测的卫星，于 1999 年 5 月 26 日发射，2010 年 8 月 8 日退役。Oceansat-2 和 Oceansat-3 卫星分别于 2009 年 9 月 23 日和 2022 年 11 月 26 日发射，载有海洋水色监测仪（Ocean Colour Monitor，OCM）、海面温度监测仪（Sea Surface Temperature Monitor，SSTM）和 Ku 波段 Oceansat 散射计（Oceansat Scatterometer，OSCAT），可实现全球海洋水色、水温和海面风场的观测。

1.2.4 国际合作遥感卫星

TOPEX/Poseidon（Topography Experiment/Poseidon）卫星：简称“T/P 卫星”，是高度计轨道专用卫星，由 NASA 和法国国家空间研究中心（National Centre for Space Studies，CNES）合作研发，主要用于测量海面地形和海平面变化等。T/P 卫星于 1992 年 8 月 10 日发射，2006 年 1 月退役。该卫星携带两个雷达高度计，分别为 Ku（13.6 GHz）/C（5.3 GHz）双频雷达高度计和 Ku（13.65 GHz）单频雷达高度计（Single-frequency Solid-state Altimeter，SSALT）。该卫星首次实现了全球海洋表面高度的精确测量，其观测数据为研究海洋环流和气候变化提供了宝贵的信息。

Jason 系列卫星：是 T/P 卫星的后续卫星，包括 Jason-1、Jason-2、Jason-3 3 颗卫星，分别于 2001 年 12 月 7 日、2008 年 6 月 20 日和 2016 年 1 月 17 日发射，星上有效载荷为雷达高度计和微波辐射计。CNES 负责提供卫星平台、雷达高度计（Altimeter，ALT）和接收机，NASA 负责提供发射服务。

地表水与海洋地形卫星 SWOT（Surface Water and Ocean Topography）：由 NASA、CNES、CSA 和英国航天局（UK Space Agency，UKSA）联合研制，

于 2022 年 12 月 6 日发射。SWOT 任务的海洋学目标是根据海洋表面地形确定海洋中尺度和亚中尺度环流。卫星的有效载荷包括 Ka 波段雷达干涉仪（Ka-band Radar Interferometer，KaRIn）、雷达高度计（Poseidon Altimeter-3C，Poseidon-3C）、先进微波辐射计（Advanced Microwave Radiometer，AMR）等，其中，KaRIn 可以对海洋和地表水体进行高精度、高分辨率的宽幅干涉测量；Poseidon-3C 是 Ku（13.6 GHz）/C（5.3 GHz）双频雷达高度计，与 Jason-3 卫星携带的高度计相同。

Aquarius/SAC-D 卫星：是美国和阿根廷的合作项目，美国称其为“宝瓶座（Aquarius）”，阿根廷称其为科学应用卫星 - D（SAC-D）。该卫星采用太阳同步轨道，于 2011 年 6 月 10 日发射，2015 年 6 月 8 日结束运行。星上主要搭载 L 波段和 Ka 波段微波辐射计、L 波段散射计等，可用于测量海面盐度、海面风场、海冰等。

TRMM（Tropical Rainfall Measuring Mission）卫星：由 NASA 和 JAXA 联合研发的热带降雨测量卫星，采用近赤道非太阳同步轨道，于 1997 年 11 月 28 日发射。TRMM 卫星每天可覆盖全球 1 ~ 3 次，主要载荷为降雨雷达（Precipitation Radar，PR）、TRMM 微波成像仪（TRMM Microwave Imager，TMI）、可见光与红外扫描仪（Visible and Infrared Scanner，VIRS）、CERES、闪电成图像仪（Lighting Imaging Sensor，LIS）等。TRMM 卫星的任务是监测热带和亚热带地区的降水情况，以更好地理解和预测热带降水系统、研究气候变化以及改善对洪涝和干旱等自然灾害的预警和应对能力。

GPM（Global Precipitation Measurement）卫星：是 TRMM 的后续卫星，于 2014 年 2 月 27 日发射。在 TRMM 的基础上将覆盖范围扩大到高纬度地区，以提供近全球的降水视图。搭载首个星载 Ku/Ka 双频降水雷达（Dual-frequency Precipitation Radar，DPR）和多通道 GPM 微波成像仪（GPM Microwave Imager，GMI），相对于 TRMM 对降雨、降雪更加敏感。

1.3 传感器

如前所述，遥感卫星上搭载的传感器主要包括可见光与红外传感器、微波辐射计、散射计、雷达高度计和合成孔径雷达。这些传感器在海洋观测中发挥着各自独特而重要的作用，为海洋研究与应用提供了重要的观测手段与数据资料。其中，可见光与红外传感器主要用于水温与水色遥感，旨在测量海面温度、叶绿素浓度、悬浮物浓度和有机黄色物质浓度等；微波辐射计主要用于测量海面温度、海面盐度、海面风场、海冰和水汽等；散射计主要用于获取全球高精度的海面风场矢量信息以及海表流场和海冰探测；雷达高度计用于测量海表面高度、海面地形、有效波高、海面风速、地转流、潮汐、海冰、海洋重力场等；合成孔径雷达是多用途成像雷达，主要用于探测海面风场、海浪、海流、海冰、浅海地形等海洋动力环境参数，海洋内波、涡旋、上升流、海洋锋等多尺度海洋现象，以及海上溢油、绿潮、舰船、岸线等海上与水下目标的探测。本节简要介绍不同类型传感器的特点，更详细的信息可参考《卫星海洋学》（刘玉光，2009）及其修订版。

1.3.1 可见光与红外传感器

工作在可见光和红外波段的传感器通常包含多个通道，一般又可分为可见光与近红外辐射计、红外辐射计和热红外辐射计。红外波长为 0.7 μm ~ 1 mm，其中，近红外波长为 0.7 ~ 1.3 μm，热红外波长为 3 ~ 15 μm。

可见光和近红外辐射计在海洋监测中主要用于进行水色遥感，其直接目的是监测海水叶绿素浓度、无机悬浮物浓度和有机黄色物质浓度等，由此可估算海洋初级生产力，支持全球碳循环研究。红外辐射计用于观测雪、冰、气溶胶和薄卷云等。热红外辐射计用于观测海面温度、大气剖面温度和湿度、海面上空水汽含量等。表 1-7 显示了目前国内外卫星上搭载的常用于海洋观测的可见光与红外波段传感器的相关信息。

表 1-7　可见光与红外波段传感器信息

卫星	国家/地区	传感器	发射年份
FY-1系列	中国	MVISR（多通道可见光和红外扫描辐射计）	1988（始）
FY-2系列		VISSR（可见光红外自旋扫描辐射计）	1997（始）
HY-1系列		COCTS（中国海洋水色水温扫描仪） CZI（海岸带成像仪）	2002（始）
NOAA系列	美国	AVHRR（高级甚高分辨率辐射计）	1978（始）
Nimbus-7		CZCS（沿岸带水色扫描仪）	1978
SeaStar		SeaWiFS（海洋宽视场水色扫描仪）	1997
Terra/Aqua		MODIS（中等分辨率光谱成像仪）	1999/2002
Suomi NPP/ JPSS-1		VIIRS（可见光红外成像辐射计）	2011/2017
ERS-1/2	欧洲	ATSR（沿轨扫描辐射计）	1991/1995
ENVISAT		MERIS（中分辨率成像光谱仪） AATSR（高级沿轨扫描辐射计）	2002
Sentinel-2 A/B		MSI（多光谱成像仪）	2015/2017
Sentinel-3A/B		OLCI（海陆色度仪） SLSTR（海陆表面温度辐射计）	2016/2018
ADEOS-1	日本	OCTS（海洋水色水温扫描仪）	1996
ADEOS-2		GLI（全球成像仪）	2002
COMS	韩国	GOCI（地球静止海洋水色成像仪）	2010
GK 2B		GOCI-Ⅱ（地球静止海洋水色成像仪-Ⅱ）	2020

1.3.2　微波辐射计

微波能够穿透较薄的云层，故微波辐射计可实现全天候的观测。地球表面自发辐射的微波能量水平比热红外波段还低，这就要求微波辐射计的设计和工艺水平更高，以达到足够的灵敏度。

不同波段的微波辐射计有不同的用途。按测量目的区分，微波辐射计可分为探测仪和成像仪。探测仪主要应用于气象卫星，波段多选择在氧气、水汽的吸收带和附近频率，用于测量大气垂直温度和湿度廓线，要求大尺度低分辨率，通常采用横跨轨道扫描方式。成像仪主要应用在海洋卫星上，波段（C 波段、X 波段、K 波段）频率通常较低，分辨率要求较高，通常采用圆锥形扫描方式，通过测量海洋表面的亮温，可以获取海面温度、海面盐度、海面风速、海冰和大气柱的水汽含量等信息。表 1–8 显示了目前国内外卫星搭载的常用于海洋观测的微波辐射计信息。

表 1–8　星载微波辐射计信息

<table>
<tr><th>卫星</th><th>国家/地区</th><th>传感器</th><th>频率（GHz）</th><th>分辨率（km×km）</th><th>发射年份</th></tr>
<tr><td>FY-3系列（3A-3D）</td><td rowspan="3">中国</td><td>MWRI（微波成像仪）</td><td>10.65（v，h）
18.7（v，h）
23.8（v，h）
36.5（v，h）
89.0（v，h）</td><td>85×51
50×30
45×27
30×18
15×9</td><td>2008/
2010/
2013/
2017</td></tr>
<tr><td>HY-2A</td><td rowspan="2">SMR（扫描微波辐射计）</td><td>6.6（v，h）
10.7（v，h）
18.7（v，h）
23.8（v）
37.0（v，h）</td><td>75×100
50×75
25×40
25×30
15×25</td><td>2011</td></tr>
<tr><td>HY-2B</td><td>6.925（v，h）
10.7（v，h）
18.7（v，h）
23.8（v）
37.0（v，h）</td><td>73×109
55×82
33×55
28×47
19×31</td><td>2018</td></tr>
</table>

续表

卫星	国家/地区	传感器	频率（GHz）	分辨率（km×km）	发射年份
Nimbus-7/ Seasat-A	美国	SMMR （多频率扫描微波辐射计）	6.63（v，h） 10.69（h） 18.00（v，h） 21.00（v，h） 37.00（v，h）	79×121 49×74 29×44 25×38 14×21	1978/ 1978
DMSP		SSM/I （专用传感器微波成像仪）	19.35（v，h） 22.235（v） 37.00（v，h） 85.50（v，h）	69×43 50×40 37×28 15×13	1987
TRMM		TMI （TRMM微波成像仪）	10.7（v，h） 19.3（v，h） 21.3（v） 37.0（v，h） 85.5（v，h）	63×37 30×18 23×18 16×9 7×5	1997
Coriolis		WindSat （全极化微波辐射计）	6.8（v，h） 10.7全极化 18.7全极化 23.8（v，h） 37.0全极化	39×71 25×38 16×27 20×30 8×13	2003
GPM		GMI （GPM微波成像仪）	10.65（v，h） 18.7（v，h） 23.8（v） 36.5（v，h） 89.0（v，h） 165.5（v，h） 183.31（v）	32×19 18×11 16×10 15×9 7×4 7×4 7×4	2014
SMAP		L-band radiometer （L波段微波辐射计）	1.41全极化	38×49	2015
EOS-PM （Aqua）		AMSR-E （EOS高级微波扫描辐射计）	6.925（v，h） 10.65（v，h） 18.7（v，h） 23.8（v，h） 36.5（v，h） 89.0（v，h）	75×43 51×29 27×16 32×18 14×8 6×4	2002

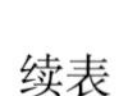
续表

卫星	国家/地区	传感器	频率 （GHz）	分辨率 （km×km）	发射 年份
GCOM-W1	日本	AMSR2 （高级微波扫描辐射计2）	6.925（v，h） 7.3（v，h） 10.65（v，h） 18.7（v，h） 23.8（v，h） 36.5（v，h） 89.0（v，h）	62×35 62×35 42×24 22×14 19×11 12×7 5×3	2011
SMOS	欧洲	MIRAS （综合孔径微波辐射计）	1.413全极化	30～50	2009
Sentinel 3A/B		MWR （微波辐射计）	23.8 36.5 线极化	23.5×23.5 18.5×18.5	2016/ 2018

1.3.3 散射计

微波散射计是一种专门测量全球海面风场矢量的主动微波雷达。借助近实时卫星遥感海面风场数据，利用大气及海洋数值预报模型，可以改进全球和近海天气预报，提高风暴监测和预警水平。此外，散射计数据还被应用于海表流场反演与海冰监测。

全球第一部散射计搭载在1973年和1974年的Skylab卫星。1978年，美国第一颗海洋卫星Seasat-A上的Ku波段散射计（Seasat-A Satellite Scatterometer，SASS）证明了卫星遥感风场是可行的。此后，世界各国相继研发了工作在不同频段的散射计。表1-9显示了目前国内外卫星搭载的常用散射计信息。

表 1–9　星载散射计信息

搭载卫星	国家/地区	传感器	波段频率（GHz）	发射年份
HY-2系列	中国	HSCAT	Ku（13.256）	2011/2018/2020/2021
CFOSAT	中法	散射计	Ku（13.256）	2018
ERS-1/2	欧洲	AMI	C（5.3）	1991/1995
MetOp -A/B/C	欧洲	ASCAT	C（5.3）	2006/2012/2018
QuikSCAT	美国	SeaWinds-1	Ku（13.4）	1999
ADEOS-1	日本	NSCAT（NASA scatterometer）	Ku（14）	1996
ADEOS-2	日本	SeaWinds-2	Ku（13.4）	2002
GCOM-W1	日本	Scatterometer	C（5.3）	2017
Oceansat-2	印度	OSCAT	Ku（13.52）	2009

1.3.4　高度计

目前，有两种卫星高度计可应用于遥感监测：一种是雷达高度计；另一种是激光高度计，前者发射微波并接收地球表面返回的微波，后者发射激光并接收地球表面返回的激光。

雷达高度计由脉冲发射器、灵敏接收器和精确计时器构成，通过测量雷达脉冲的发射和接收时间间隔来计算卫星到海表面的距离，获取海面高度、海面地形等动力参数的信息，同时可以实现对有效波高、大洋环流、海浪、潮汐、海面风速、海冰、海洋重力场等的观测。激光高度计通过测量以光速往返于卫星到照射面激光脉冲的穿行时间来获得卫星到照射面的距离，可实现海冰厚度、冰盖变化等的高精度测量。表 1–10 和表 1–11 分别显示了目前国内外主要卫星搭载的雷达高度计与激光高度计信息。

表 1-10　星载雷达高度计信息

卫星	国家/地区	传感器	波段频率（GHz）	发射年份
HY-2系列	中国	ALT	C（5.25）/Ku（13.58）	2011（始）
SEASAT	美国	ALT	Ku（13.5）	1978
Geosat	美国	ALT	Ku（13.5）	1985
GFO	美国	GFO-RA	Ku（13.5）	1998
TOPEX/Poseidon	美国、法国	ALT SSALT	C（5.3）/ Ku（13.6） Ku（13.65）	1992
Jason-1	美国、法国	Poseidon-2	C（5.3）/ Ku（13.6）	2001
Jason-2	美国、法国	Poseidon-3	C（5.3）/ Ku（13.6）	2008
Jason-3	美国、法国	Poseidon-3C	C（5.3）/ Ku（13.6）	2016
SWOT	美国、法国、英国、加拿大	KaRin Poseidon-3C	Ka（35.75） C（5.3）/Ku（13.6）	2022
ERS-1/2	欧洲	RA	Ku（13.8）	1991/1995
Envisat	欧洲	RA-2	S（3.2）/ Ku（13.6）	1999
CryoSat-2	欧洲	SIRAL-2	Ku（13.575）	2011
Sentinel-3A/B	欧洲	SRAL	C（5.4）/ Ku（13.58）	2016/2018
Sentinel-6A	欧洲	Poseidon-4	C（5.41）/ Ku（13.575）	2020

表 1-11　星载激光高度计信息

卫星	国家/地区	传感器	波长（nm）	发射年份
GF-7	中国	激光测高仪	1 064（红外）	2019
ZY-03	中国	激光测高仪	1 064（红外）	2020
ICESat	美国	GLAS	1 064（红外） 532（绿光）	2003
ICESat-2	美国	ATLAS	532（绿光）	2018

1.3.5　合成孔径雷达

合成孔径雷达（Synthetic Aperture Radar，SAR）是一种高分辨率主动式微波成像雷达，其空间分辨率最高可达亚米级。SAR 测量的海面后向散射信号并经过适当处理后，能产生标准化后向散射截面（Normalized Radar Cross-Section，NRCS）的图像。NRCS 携带着海面信息，反映了雷达观测到的海面粗糙度。因此，SAR 能通过测量海面的粗糙度来观测海洋特征和现象，如海面风场、海浪、海流、涡旋、内波、锋面、上升流、海冰、浅海地形、溢油、绿潮、舰船、岸线等。这些信息对海上经济活动、海洋工程规划以及海洋环境监测具有重要意义，为海洋科学和相关领域的发展提供了有力的支撑。表 1−12 显示了目前国内外主要星载 SAR 信息。

表 1−12　星载 SAR 信息

卫星	国家/地区	频段及极化方式	发射年份
GF-3 01/02/03	中国	C，全极化	2016/2021/2022
SEASAT	美国	L，HH	1978
COSMOS-1870/ ALMAZ	苏联	S，HH	1987/1991
ALMAZ-1B	俄罗斯	X/S/L，HH	1998
ERS-1/2	欧洲	C，VV	1991/1995
Envisat（ASAR）		C，VV或HH或VV/HH或VV/VH或HH/HV	2022
Sentinel-1A/1B		C，VV或HH或VV/VH或HH/HV	2014/2016
JERS-1	日本	L，HH	1992
ALOS（PALSAR）		L，全极化	2006
RADARSAT-1	加拿大	C，HH	1995
RADARSAT-2		C，全极化	2007
RCM		C，全极化	2019
TerraSAR-X/ TanDEM-X	德国	X，全极化	2007/2010
COSMO-SKYMED	意大利	X，全极化	2007

第 2 章 海洋动力环境要素遥感数据

海水温度、盐度、海浪、海流等是最基本的海洋动力环境要素，利用卫星上搭载的不同类型的遥感器可以获取其海面信息。这些卫星遥感数据在海洋科学研究、海洋资源开发利用、海洋环境安全保障、防灾减灾、国防安全等领域均起到重要的支撑作用。本章主要介绍海面温度、海面盐度、水深、海面高度、海浪、地转流等海洋动力环境要素的卫星遥感产品及其特点，以及基于卫星遥感观测重构的水下三维温盐产品。

2.1 海面温度

海面温度（Sea Surface Temperature，SST）信息的获取方式包括浮标观测、船舶观测、滨海站观测以及卫星遥感观测等。相比于常规现场观测，卫星遥感在 SST 监测方面具有覆盖范围广、空间分辨率高、连续、高效等优势。

卫星遥感观测 SST 主要通过热红外辐射计和微波辐射计。通过热红外辐射计获取的 SST 数据精度和空间分辨率较高，但易受云层影响（Guan and Kawamura，2003）；而微波辐射计则可以穿透云层进行全天时、全天候观测。常用于SST观测的热红外辐射计包括HY-1系列卫星上的COCTS、Terra/Aqua卫星上的 MODIS、NOAA 系列卫星上的 AVHRR、Suomi NPP 和 NOAA-20 卫星上的 VIIRS 等；微波辐射计包括 HY-2 系列卫星上的 SMR、Aqua 卫星上的 AMSR-E、GCOM-W1 卫星上的 AMSR-2、TRMM 卫星上的 TMI 及其后续任务 GPM 上的 GMI、Coriolis 卫星上的 WindSat 等。本节主要介绍 COCTS、MODIS、AVHRR 和 VIIRS 等热红外辐射计 SST 产品，SMR、GMI 和 AMSR2 等微波辐射计 SST 产品，以及 OISST、GHRSST 和 MURSST 等多源卫星融合 SST 产品。

2.1.1 热红外辐射计海面温度产品

2.1.1.1 COCTS 产品

HY-1 C/D COCTS SST 的反演算法采用 Walton 等（1998）提出的 NLSST（Nonlinear SST）算法的改进版本。与 iQuam 现场测量数据相比，HY-1D COCTS SST 产品在白天和夜晚的均方根误差（RMSE）分别为 0.65℃ 和 0.71℃（Ye et al., 2022）。

国家卫星海洋应用中心（NSOAS）提供 HY-1C 和 HY-1D COCTS 全球 SST 近实时沿轨产品，其时间跨度分别为 2018 年 9 月 10 日至今、2020 年 6 月 27 日至今，时间分辨率为 5 min，空间分辨率[①]为 1.1 km × 1.1 km。上述

① 从本章起，正文中出现的海洋要素遥感数据的空间分辨率的表述，一般指对应的网格化产品的网格单元大小，与卫星传感器的空间分辨率概念不同。

产品的数据格式为 HDF5，可通过中国海洋卫星数据服务系统下载，网址为 NSOAS: https://osdds.nsoas.org.cn/home。HY-1E 于 2023 年 11 月 16 日发射，目前尚未提供数据下载服务。

2.1.1.2　MODIS 产品

基于 Aqua/Terra MODIS 亮度温度（简称“亮温”）数据，NASA 的海洋生物处理小组（Ocean Biology Processing Group，OBPG）采用分裂窗算法制作了 SST 产品（Walton et al., 1998；Minnett et al., 2002），并发布于海洋水色网站（Ocean Color Web，https://oceancolor.gsfc.nasa.gov/）。该产品涵盖 SST 和 SST4 两种海温数据，分别由 11 μm 长波红外大气窗口（波段 31、波段 32）和 4 μm 中波红外大气窗口（波段 22、波段 23）的亮温反演得到。产品精度方面，在全球海域，与浮标观测相比，Aqua-MODIS SST 和 Terra-MODIS SST 的平均偏差分别为 −0.26 K 和 −0.19 K，标准差均为 0.5 K；Aqua-MODIS SST4 和 Terra-MODIS SST4 的平均偏差分别为 −0.24 K 和 −0.1 K，标准差均为 0.42 K（Kilpatrick et al., 2015）。上述评估结果所使用的浮标观测数据在 2011 年之前来自美国海军 GTS 网络，并按照 Kilpatrick 方法（Kilpatrick et al., 2001）进行质量控制；2011 年之后来自经过质量控制的 iQuam 数据集（Xu and Ignatov, 2013）。

MODIS SST 产品包括 L2 级近实时沿轨产品和 L3 级全球逐日以及 8 日平均、月平均和年平均网格产品，后者具有 4 km × 4 km 和 9 km × 9 km 两种空间分辨率。Terra-MODIS SST 产品的时间跨度为 2000 年 2 月 24 日至今，Aqua-MODIS SST 产品的时间跨度为 2002 年 7 月 4 日至今。MODIS SST 产品的数据格式为 NetCDF，Aqua-MODIS SST L2 级和 L3 级产品的下载网址分别为 NASA Ocean Color: https://oceandata.sci.gsfc.nasa.gov/directdataaccess/Level-2/Aqua-MODIS、NASA Ocean Color: https://oceandata.sci.gsfc.nasa.gov/directdataaccess/Level-3%20Mapped/Aqua-MODIS；Terra-MODIS SST L2 级和 L3 级产品的下载网址分别为 NASA Ocean Color: https://

oceandata.sci.gsfc.nasa.gov/directdataaccess/Level-2/Terra-MODIS、NASA Ocean Color: https://oceandata.sci.gsfc.nasa.gov/directdataaccess/Level-3%20 Mapped/Terra-MODIS。此外，通过 NASA 的全球地球科学数据和信息访问平台 EARTHDATA 也可以下载 MODIS SST 相关产品，网址为 https://search.earthdata.nasa.gov/search?q= MODIS%20SST。图 2-1 显示了基于 Aqua-MODIS SST L3 级月平均产品绘制的 2024 年 3 月 SST 的分布。

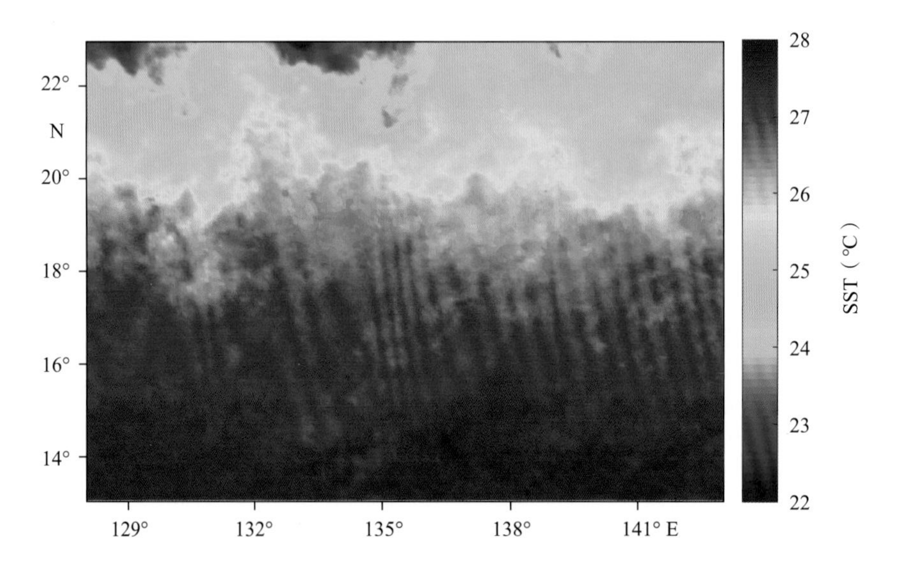

图 2-1　Aqua-MODIS 产品 2024 年 3 月 SST 分布

2.1.1.3　AVHRR 产品

AVHRR Pathfinder SST 产品以 Pathfinder SST 的历史数据为基础而建立（Saha et al., 2018），包含来自 NOAA 系列卫星上的 AVHRR 的全球每日两次（日和夜）的 SST 观测。与全球浮标数据的对比表明，AVHRR Pathfinder SST 的准确性（平均偏差 ± 标准差）为（0.02 ± 0.5）℃（Kilpatrick et al., 2001）。该产品时间跨度为 1981 年至今（数据发布存在 2 ～ 4 个月延迟），空间分辨率为 4 km × 4 km，数据格式为 NetCDF，下载网址为 NOAA 国家环境信息中心（National Centers for Environmental Information，NCEI）: https://www.

ncei.noaa.gov/data/oceans/pathfinder/Version5.3/L3C/。

2.1.1.4 VIIRS 产品

NASA 的 Ocean Color Web 提供 VIIRS SST L3 级产品，SST 反演算法与该网站发布的 MODIS SST 产品反演算法相同。产品质量评估结果表明，VIIRS SST 产品与 Reynolds OISST 产品的差异约为 0.05℃；与浮标数据之间存在负偏差；与船载海洋大气辐射干涉仪直接测量之间的偏差是 0.03℃，标准偏差是 0.196℃（NASA Goddard Space Flight Center，2017）。该产品包括白天和夜间的逐日产品以及 8 d 平均、月平均和年平均数据，空间分辨率为 4 km × 4 km 和 9 km × 9 km，数据格式为 NetCDF，下载网址为 NASA Ocean Color: https://oceandata.sci.gsfc.nasa.gov/directdataaccess/Level-3%20Mapped/SNPP-VIIRS。自 2018 年 8 月开始，尽管 OBPG 仍在继续生产 VIIRS SST 产品，但产品质量不再受科学团队的严格监控，因此建议用户谨慎使用该产品。

2.1.2 微波辐射计海面温度产品

2.1.2.1 HY-2B SMR 产品

我国 HY-2B 卫星 SMR SST 沿轨产品包括 L2B 级和 L2C 级，其中 L2B 级为快速产品，SST 反演算法为多元线性回归法；L2C 级为标准产品，SST 反演算法为非线性迭代法。产品质量评估结果表明，SMR SST 产品与 iQuam 浮标数据之间的标准差为 0.72 ～ 0.85℃（Zhang et al., 2020；Wang et al., 2021）。L2B 级和 L2C 级全球 SST 产品的时间跨度为 2018 年 11 月 1 日至今，均包括 3 种分辨率：Res6（90 km × 150 km）、Res10（70 km × 110 km）、Res18（36 km × 60 km）。产品数据格式为 HDF5，可从中国海洋卫星数据服务系统下载，网址为 NSOAS: https://osdds.nsoas.org.cn/OceanDynamics。

2.1.2.2 GMI 产品

遥感系统（Remote Sensing Systems，RSS）平台利用从 NASA 戈达德

地球科学数据和信息服务中心（GES DISC）获取的 GMI 微波辐射计亮温数据，对亮温与 RSS 辐射传输模型（RTM）相互校准并制作生成包括 SST 在内的海洋产品（Meissner et al., 2012）。该平台提供 GMI 全球 SST 三级网格化产品，时间跨度为 2014 年 3 月 4 日至今，包括逐日、3 日、周和月平均产品，空间分辨率为 0.25°×0.25°。产品的数据格式为二进制，下载地址为 Remote Sensing System: https://remss.com/missions/gmi/，网站提供 3 种数据下载方式：FTP、HTTP，以及通过浏览 SST 图下载感兴趣区域和时段的产品。

JAXA 的 G-portal 平台也提供 GMI SST 产品，时间跨度为 2014 年 3 月 4 日至今，空间范围为全球，包括二级沿轨产品和三级全球 0.25°×0.25° 网格月平均产品，数据格式均为 HDF5，FTP 下载地址为 ftp.gportal.jaxa.jp，需要使用 FTP 客户端。根据 GCOM-W 检验网（GCOM-W Validation Web: https://suzaku.eorc.jaxa.jp/cgi-bin/gcomw/validation/gcomw_validation_ssti1.cgi）提供的 SST 遥感产品评估结果，在全球海域，2022 年 JAXA GMI SST 产品与 iQuam V2.1 观测数据之间的 RMSE 为 0.522℃，平均偏差为 0.062℃；在西北太平洋和南海（4°—10°N、100°E—180°），RMSE 和平均偏差分别为 0.497℃ 和 0.050℃。

2.1.2.3 AMSR2 产品

GCOM-W1 卫星 AMSR2 SST 产品可从多个平台获取，包括 NASA 的 Earth Data Search 平台、JAXA 的 G-portal 平台以及 RSS 平台等，下载网址分别为 https://search.earthdata.nasa.gov/search、https://gportal.jaxa.jp/gpr/、https://www.remss.com/missions/amsr/。

以 JAXA 的 G-portal 平台提供的 AMSR2 空间 SST 产品为例，时间跨度为 2012 年 7 月 2 日至今，包括二级沿轨产品和三级逐日产品，空间分辨率为 0.1°×0.1° 和 0.25°×0.25°，数据格式均为 HDF5。根据 GCOM-W 检验网提供的 SST 遥感产品评估结果，在全球海域，2022 年 AMSR2 多通道 SST 产品与 iQuam V2.1 观测数据之间的 RMSE 为 0.401℃，平均偏差为 −0.051℃；在西北太平洋和南海，RMSE 和平均偏差分别为 0.437℃ 和 0.056℃。

2.1.3 多源卫星融合产品

2.1.3.1 OISST 产品

NOAA 提供全球空间分辨率为 0.25° × 0.25° 的每日最优插值海表温度（Optimum Interpolation SST,OISST）产品,该产品融合了来自不同平台（卫星、船只、浮标）的经过偏差调整的观测数据，并通过最优插值方法填补缺失数据。其中，1981 年末至今的 AVHRR SST 数据为主要数据源。根据使用的卫星数据源不同，OISST 产品可分为两种：AVHRR-only 产品和 AMSR+AVHRR 产品。AVHRR-only 使用船舶和浮标实测数据、AVHRR SST 数据，以及模式模拟的海冰数据；AMSR +AVHRR 增加了 AMSR 微波辐射计 SST 数据。制作这两种产品的算法是相同的，包括利用实测数据来修正遥感数据的大尺度偏差方法，以及融合各类数据源信息的最优插值方法。

OISST V2.1 版本于 2020 年 4 月 1 日取代了 V2 版本，该版本时间跨度为 1981 年 9 月 1 日至今，每日更新。较 V2 版本，OISST V2.1 版本的数据质量从 2016 年 1 月 1 日开始有显著改进。两个版本 SST 产品的数据格式均为 NetCDF，下载网址为 National Center for Environmental Information: https://www.ncei.noaa.gov/thredds/blended-global/oisst-catalog.html。

2.1.3.2 GHRSST 产品

NOAA NCEI 提供 GHRSST（Group for High Resolution Sea Surface Temperature）高分辨率 SST 产品，版本为 GHRSST Level 4 CMC0.1deg Global Foundation Sea Surface Temperature Analysis（GDS version 2）。该产品融合了 NOAA-18/19、METOP-A/B 等卫星的 AVHRR SST 数据、GCOM-W 卫星上的 AMSR2 SST 数据，以及 ICOADS 计划中漂流浮标和船只观测的 SST 数据。使用前一天的分析结果作为统计插值的背景场，用于同化卫星和现场观测数据。

GDS version 2 逐日产品的时间跨度为 2016 年 1 月 1 日至 2022 年 4 月 29 日，空间分辨率为 0.1°×0.1°，数据格式为 NetCDF，下载网址为 National Center for Environmental Information: https://www.ncei.noaa.gov/access/metadata/landing-page/bin/iso?id=gov.noaa.nodc:GHRSST-CMC0.1deg-CMC-L4-GLOB，该网站提供 3 种数据下载方式：THREDDS、FTP 以及 HTTPS。此外，GHRSST 官网同时提供 L2P 级沿轨 SST 产品和 L3 级、L4 级网格化产品，网址为 https://www.ghrsst.org，该网站同时提供 SST 可视化与产品检验工具。

2.1.3.3 MURSST 产品

多尺度超高分辨率海面温度（Multiscale Ultrahigh Resolution Sea Surface Temperature，MURSST）产品是时空分辨率较高的多卫星观测融合产品。该产品是 GHRSST 项目的一部分，融合了多种卫星观测数据，包括 MODIS 高分辨率（~ 1 km）红外观测、AVHRR 中等分辨率（4 ~ 9 km）红外观测、微波辐射计较低分辨率（~ 25 km）观测和现场观测数据等（Chin et al., 2017）。数据融合方法采用多尺度变分分析方法。

全球 MURSST 逐日产品的时间跨度为 2002 年 6 月 1 日至今，空间分辨率为 0.01°×0.01°。当前最新版本为 MURSST 4.1 版本，数据格式为 NetCDF，下载网址为 NOAA: https://coastwatch.pfeg.noaa.gov/erddap/files/jplMURSST41/ 或者 NASA 物理海洋数据分发跃存档中心（Physical Oceanography Distributed Active Archive Center, PO.DAAC）：https://podaac.jpl.nasa.gov/dataset/MUR-JPLL4-GLOB-V4.1。

2.2 海面盐度

盐度是海水的基本物理特性，海洋中的许多现象和过程都与其分布和变化息息相关。在使用卫星遥感观测海面盐度之前，盐度资料大都来自船舶、浮标测量等现场观测，精度较高但时空覆盖率低。自 2009 年以来，SMOS、

Aquarius、SMAP 等卫星的发射升空，验证了利用星载微波辐射计探测全球海面盐度的可行性，多家机构制作发布了业务化盐度遥感产品。本节主要介绍由上述卫星微波辐射计数据制作的海面盐度产品及多源卫星融合产品。

2.2.1　SMAP 海面盐度产品

RSS 平台和 NASA 的喷气推进实验室（Jet Propulsion Laboratory，JPL）均提供全球 SMAP 海面盐度产品（表 2-1），盐度反演均采用主被动联合（Combined Active-Passive，CAP）算法。CAP 算法最初被应用于 Aquarius 卫星盐度反演，后来拓展到 SMAP 卫星。该算法的基本思想是利用 Aquarius 或 SMAP 卫星的上主动载荷和被动微波辐射计数据同时反演海面盐度和风速，通过找到最佳拟合解来最小化 Aquarius 或 SMAP 观测和模型函数之间的差异（Meissner et al., 2012; Yueh et al., 2013）。在提高海面盐度反演精度和稳定性的同时，可以减少其他因素（如 SST、海冰、太阳辐射等）的影响。2015 年 7 月 7 日，SMAP 卫星上的 L 波段雷达发生故障，因此需要使用 NCEP/NCAR 再分析风场数据进行海面盐度反演所需的海面粗糙度校正。

2.2.1.1　RSS SMAP 盐度产品

RSS 平台提供的 SMAP 海面盐度产品已更新到 V6.0 版本，发布日期为 2024 年 1 月 18 日。V6.0 版本在早期版本的基础上做了重大更新，包括校正了早期版本的仪器测量偏差、修正了观测角偏差和高纬度盐度偏差等，在表面粗糙度校正、大气氧吸收、银河系背景反射校正等方面也进行了改进，同时引入了新的质量控制标志，并提供了不确定性估计（Meissner et al., 2024）。

该产品包括 L2C 级沿轨产品和 L3 级网格化产品。其中，L2C 级沿轨产品包含每个轨道（约 98 min）的海面盐度数据，以及相关的质量控制标志、误差估计和辅助参数，空间分辨率为 40 km。L3 级网络化产品的空间分辨率有 40 km × 40 km 和 70 km × 70 km 两种，时间分辨率包括逐日（8 d 滑动平均）

和月平均。上述产品可通过 RSS 官网下载，网址为 https://remss.com/missions/SMAP/salinity/。

2.2.1.2 JPL SMAP 盐度产品

NASA 的物理海洋数据分发存档中心（Physical Oceanography Distributed Active Archive Center，PO.DAAC）提供 JPL 制作的 SMAP 海面盐度产品，目前已更新到 V5.0 版本，包括 L2B 级沿轨产品和 L3 级产品，其时间分辨率分别与 RSS L2C 级、L3 级产品一致，空间分辨率均约为 60 km × 60 km。上述产品可通过 NASA 的 EARTHDATA 平台下载，网址为 https://www.earthdata.nasa.gov/eosdis/daacs/podaac。点击该页"Find Data"栏进入搜索页面（https://search.earthdata.nasa.gov/search/），在该页面搜索"SMAP sea surface salinity"，结果中会显示 JPL SMAP 盐度产品外，同时也会显示 RSS SMAP 产品。

表 2-1 列出了 RSS V6.0 版本和 NASA V5.0 版本 SMAP 海面盐度产品名称、时间跨度、时空分辨率、数据格式等信息，其他版本产品信息可参考数据下载网站说明。

表 2-1 SMAP 海面盐度产品信息

数据提供机构	数据名称	起止时间	时间分辨率/空间分辨率	格式
RSS	RSS SMAP Level 2C Sea Surface Salinity NRT V6.0 Validated Dataset	2022-07-28 至今	沿轨 40 km × 40 km、70 km × 70 km	NetCDF4
	RSS SMAP Level 2C Sea Surface Salinity V6.0 Validated Dataset	2015-04-01 至今	沿轨 40 km × 40 km、70 km × 70 km	NetCDF4
	RSS SMAP Level 3 Sea Surface Salinity Standard Mapped Image 8-Day Running Mean V6.0 Validated Dataset	2015-03-27 至今	逐日（8 d滑动平均） 40 km × 40 km、70 km × 70 km	NetCDF4
	RSS SMAP Level 3 Sea Surface Salinity Standard Mapped Image Monthly V6.0 Validated Dataset	2015-04-01 至今	月平均 40 km × 40 km、70 km × 70 km	NetCDF4

续表

数据提供机构	数据名称	起止时间	时间分辨率/空间分辨率	格式
JPL	JPL SMAP Level 2B Near Real-time CAP Sea Surface Salinity V5.0 Validated Dataset	2015-04-01 至今	沿轨 60 km × 60 km	HDF5
	JPL SMAP Level 2B CAP Sea Surface Salinity V5.0 Validated Dataset	2015-03-31 至今	沿轨 60 km × 60 km	HDF5
	JPL SMAP Level 2B Near Real-time CAP Sea Surface Salinity V5.0 Validated Dataset (2 hour latency)	2015-04-01 至今	沿轨 60 km × 60 km	NetCDF4
	JPL SMAP Level 3 CAP Sea Surface Salinity Standard Mapped Image 8-Day Running Mean V5.0 Validated Dataset	2015-04-30 至今	逐日（8 d滑动平均）60 km × 60 km	NetCDF4
	JPL SMAP Level 3 CAP Sea Surface Salinity Standard Mapped Image Monthly V5.0 Validated Dataset	2015-04-01 至今	月平均 60 km × 60 km	NetCDF4

2.2.2　SMOS 海面盐度产品

SMOS 网站提供 L2 级沿轨盐度产品，每天包含 29 个半轨道，时间跨度为 2010 年 6 月 1 日至今，采用 ISEA 网格，空间分辨率为 15 km × 15 km。数据产品格式为 NetCDF 和 DBL 二进制，下载网址为 European Space Agency: https://smos-diss.eo.esa.int/oads/access/。

西班牙巴塞罗那专家中心（Bacelona Expert Center，BEC）提供全球与区域的 L3 级和 L4 级海面盐度产品，时间跨度为 2011 年 1 月至 2021 年 5 月。L3 级产品为 9 d 平均数据，空间分辨率为 0.25° × 0.25°，全球与区域产品和 Argo 实测数据之间的月平均 RMSE 分别为 0.25 和 0.27；L4 级产品为逐日数据，空间分辨率为 0.05° × 0.05°，全球与区域产品和 Argo 实测数据之间的月平均 RMSE 分别为 0.22 和 0.23（Olmedo et al., 2017）。该产品数据格式为 NetCDF，下载网址为 Bacelona Expert Center: https://bec.icm.csic.es/data/available-products/#SeaSurfaceSalinity。

2.2.3 Aquarius 海面盐度产品

Aquarius 卫星于 2011 年 6 月 10 日发射，2015 年 6 月 7 日由于电力故障提前停止工作。因此，Aquarius 全球海面盐度产品的时间跨度为 2011 年 8 月 25 日至 2015 年 6 月 7 日。早期使用半经验算法由微波辐射计观测数据反演得到海面盐度，后期则使用 CAP 算法反演。

NASA PO.DAAC 提供 Aquarius L2 级和 L3 级海面盐度产品，当前版本为 5.0。L2 级产品由 L1A 数据生成，每个文件包含 1 个轨道（约 98 min）的数据，每天产生 14 个或 15 个文件。L3 级产品包括二进制产品（Bin）和标准网格化产品，空间分辨率为 0.1°×0.1°，时间分辨率包括逐日、周平均、月平均、季节平均和年平均。产品的数据格式为 ASCII 和 NetCDF，可通过 PO.DAAC 官网下载，网址为 http://podaac.jpl.nasa.gov/SeaSurfaceSalinity/Aquarius。

在产品质量方面，Aquarius 全球海面盐度产品与 Argo 实测数据之间的月平均 RMSE 均小于 0.2（Kao et al., 2017）。然而，由于 SST 对亮温的高敏感度，Aquarius 在中纬度地区的海面盐度反演误差通常高于低纬度地区；同时，由于陆地污染和陆地射频干扰等因素的影响，近岸区域的反演误差大于开阔海域。

2.2.4 多源卫星融合产品

多源卫星海面盐度数据融合是通过整合来自不同卫星传感器的海面盐度信息，以获得高质量、全球一致的海面盐度场的过程。这涉及对多卫星传感器数据的校正和误差去除，以确保一致性和准确性。通过采用融合算法，将校正后的数据整合在一起，提高海面盐度的时空分辨率，并减小可能存在的误差。这一过程还包括对融合后数据的验证，以确保其与现场观测和其他独立数据源的一致性。

NASA PO.DAAC 提供多卫星最优插值海面盐度（Optimally Interpolated Sea Surface Salinity，OISSS）产品，当前最新版本为 L4 级 V2 版本。该产品基于对 SMAP、SMOS、Aquarius 3 颗卫星的 L2 级沿轨数据进行处理后得到，

处理过程采用了最优插值方法，并使用 Argo 浮标和锚系浮标的盐度观测数据进行大尺度偏差校正。与 2011 年 9 月至 2022 年 9 月全球 Argo 观测数据相比，OISSS 盐度产品的 RMSE 为 0.22。

OISSS 产品基本覆盖全球海洋，包括北极和南极的无冰区域，但不包括地中海、波罗的海等内海；时间跨度为 2011 年 8 月至今，时间分辨率包括周平均和月平均，空间分辨率为 0.25° × 0.25°。产品的数据格式为 NetCDF4，可通过 EARTHDATA 平台下载，网址为 https://www.earthdata.nasa.gov/eosdis/daacs/podaac。点击该页“Find Data”栏进入数据搜索页面（https://search.earthdata.nasa.gov/search/），在该页面搜索“OISSS”，结果中会同时显示 V1 版本和 V2 版本的 OISSS 周平均与月平均海面盐度产品。图 2-2 显示了由 OISSS V2 版本周平均产品绘制的海面盐度分布。

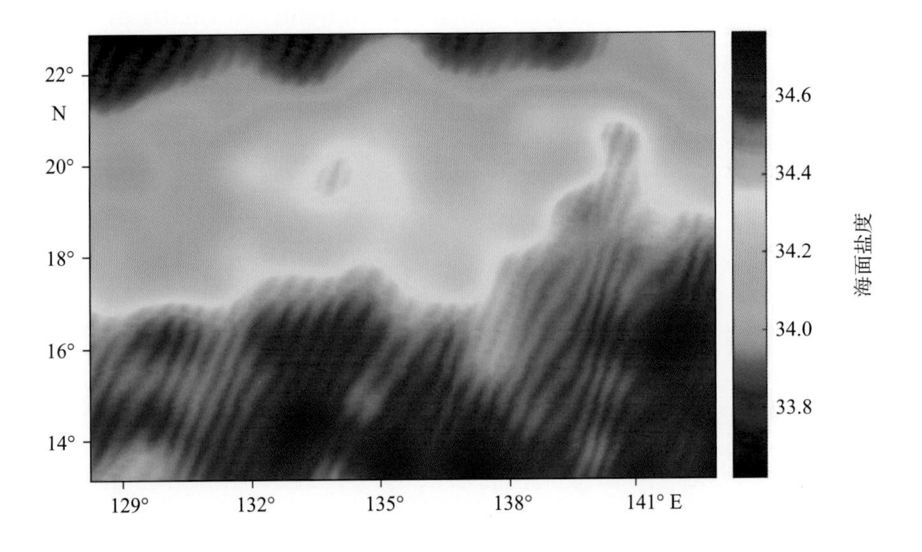

图 2-2　OISSS_L4_multimission_7 day_v2 产品 2011 年 8 月 28 日至 9 月 5 日海面盐度分布

2.3　水深

海洋水深反映了海底地形的起伏，对海上交通运输、海洋工程建设、海洋渔业、油气勘测与开发、海底输油气管道铺设以及海洋动力学、海洋地质学、海洋生物学研究等具有重要意义。

测深手段包括声呐、激光雷达、卫星测高重力数据反演、光学与 SAR 遥感探测等。其中，船载声呐探测能直接测量水深且精度高，但其效率低、花费大。随着卫星测高技术的发展，海洋重力场模型的精度和分辨率有了质的提高，Smith 和 Sandwell（1997）发现，15 ~ 200 km 波长范围的海洋重力异常主要是由海底地形变化引起的，这一发现奠定了重力数据反演海底地形的基础。自此，利用卫星测高获取的重力数据反演全球水深成了研究热点（Sandwell et al., 2014；Hu et al., 2021）。

目前，国际上发布了多个数字高程模型（Digital Elevation Model，DEM），主流产品包括航天飞机雷达地形测绘任务（Shuttle Radar Topography Mission，SRTM）系列、全球大洋地形图（General Bathymetric Charts of the Oceans，GEBCO）系列和地球地形（Earth Topography，ETOPO）系列等。随着理论与技术的发展，海洋水深数据的空间分辨率越来越高，从 20 世纪 80 年代的 5′（弧分）发展到现在的 1″（弧秒）（1 弧秒约为 30 m）。本节具体介绍上述水深模型数据集的特点。

2.3.1 SRTM DEM

SRTM 是由 NASA、美国国家地理空间情报局（National Geospatial-Intelligence Agency，NGA）以及德国和意大利的航天机构于 2000 年 2 月开始的一个国际项目，利用雷达干涉测量技术，基于 C 波段和 X 波段 SAR 影像数据生成了地球数字高程模型。

SRTM DEM 数据覆盖 80% 以上的地球表面（56°S—60°N），包括 SRTM1 和 SRTM3 产品，空间分辨率分别为 1″（30 m）和 3″（90 m），每个 90 m 的数据是由 9 个 30 m 数据的算术平均计算得来的（SRTM 2015）。SRTM 全球 DEM 数据有多种下载方式，下载网址之一为 Earth Explorer：https://

earthexplorer.usgs.gov/，该网站提供 NGA 标准制图格式、二进制栅格格式和地理信息 .tiff 3 种格式的数据。

2.3.2　GEBCO DEM

GEBCO（General Bathymetric Chart of the Oceans）是国际水道测量组织（International Hydrographic Organization，IHO）和联合国教科文组织政府间海洋学委员会（Intergovernmental Oceanographic Commission，IOC）联合主持下的通用大洋水深制图项目，旨在建立水深数据收集国际合作渠道，实现水深数据及其元数据的收集、处理和管理，提供权威、公开的全球海洋数据，完成大洋海底水深图的编制。

早期 GEBCO 仅发布全球纸质版海底地形图，1982 年编辑出版了全球 1∶100 万大洋水深图以及更小比例尺的全球和两极水深图。1994 年 GEBCO 年会上，GEBCO 决定不再出版纸质地图，同时建议构建全球数字海底地形模型。此后，GEBCO 发布了一系列三维网格海底地形模型，空间分辨率由 1′×1′、30″×30″ 提高至 15″×15″，同时在地形模型中包含了全球陆地地形数据。

GEBCO_2023 Grid 数据集于 2023 年 4 月发布，空间分辨率为 15″×15″。该数据集在 50°S—60°N 区域使用 SRTM15+V2.5.5 数据集作为“基础”（Tozer et al., 2019），使用基于 V32 的重力模型反演深度（Sandwell et al., 2019）。对于极地以外的区域（60°N 以南和 50°S 以北），数据集采用“稀疏网格”的形式，即只填充包含数据的网格单元。对于极地区域，提供了完整的网格。该数据集使用“remove-restore”混合程序将稀疏区域网格包含到基本网格中，实现“新”数据集和“基础”数据集之间的平稳过渡，同时使现有基础数据集的扰动最小（Smith and Sandwell, 1997; Hell and Jakobsson, 2011）。

GEBCO_2023 Grid 数据集下载网址为 General Bathymetric Chart of the Oceans: https://www.gebco.net/data_and_products/gridded_bathymetry_data/。网站下方的 Links 提供了两种数据下载方式，既可以通过网页一键下载 NetCDF、Geo

Tiff 和 Esri ASCII raster 3 种格式的数据，也可以通过网页（https://download.gebco.net/）自定义经纬度范围和数据格式下载用户定义的子集。图 2-3 显示了基于该数据集绘制的局部海区水深分布。

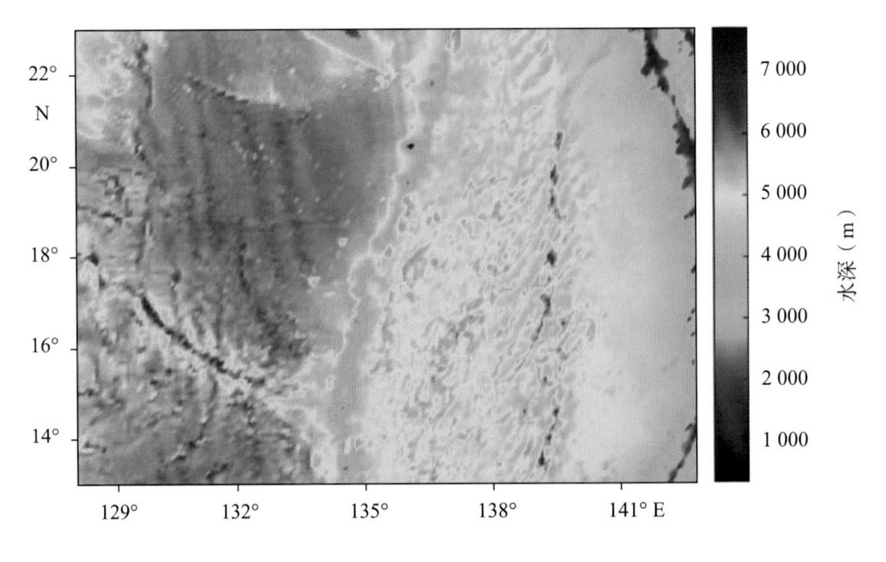

图 2-3　GEBCO_2023 Grid 水深分布

2.3.3　ETOPO DEM

ETOPO 系列是 NOAA 发布的一套全覆盖、无缝、网格化的全球地形水深高程数据集，集成了机载激光雷达、卫星测高、船载测深等数据。早期版本包括 1988 年发布的 ETOPO5（5′）、2001 年发布的 ETOPO2（2′）、2009 年发布的 ETOPO1（1′），当前最新版本为 2022 年发布的 ETOPO 2022，空间分辨率包括 1′×1′、30″×30″ 和 15″×15″（ETOPO，2022）。ETOPO 2022 采用机器学习等方法来识别和纠正数据错误，以提高全球地形模型的相对和绝对水平地理位置和垂直精度。该数据集包括基岩高程（Bedrock elevation）、冰面高程（Ice surface elevation）和大地水准面高度（Geoid height）3 类数据，下载网址为 National Center for Environmental Information: https://www.ncei.noaa.gov/products/etopo-global-relief-model，网站下方的 Links 提供了 GeoTiff 和 NetCDF 两种格式数据的下载方式。

2.4　海面高度

卫星雷达高度计测高技术能够实现对海面高度信息的全球、长期连续观测，是实现全球海平面变化研究与应用的重要手段。在介绍海面高度相关数据之前，首先介绍几个基本概念：海表面高度、海平面高度、海表面异常、海平面异常、海面地形（图 2-4）。

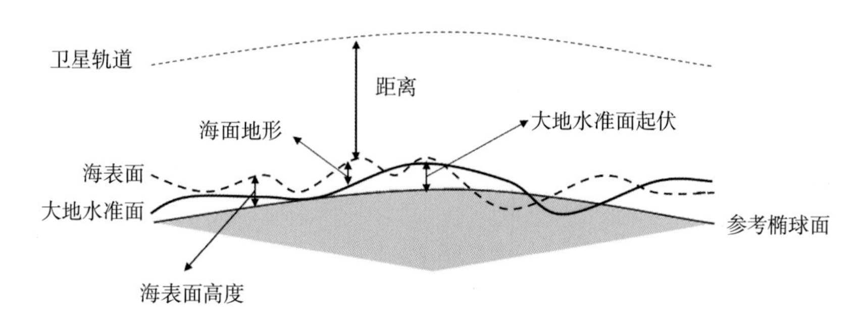

图 2-4　卫星测高示意图

海表面高度（Sea Surface Height，SSH）：海表面相对于参考椭球面的距离。

海表面异常（Sea Surface Anomaly，SSA）：海表面相对于某个时间段平均的海表面的偏差，又称海表面高度异常（Sea Surface Height Anomaly，SSHA）。

海平面：高潮时的海表面和低潮时的海表面之间的中值。

海平面高度（Sea Level Height，SLH）：海平面相对于参考椭球面的高度。

海平面异常（Sea Level Anomaly，SLA）：海平面相对于某个时间段平均的海平面的偏差。去除了潮汐影响的 SSA 近似等于 SLA。

海面地形（Ocean Topography）：海表面相对于大地水准面的距离，也被称为绝对动力地形（Absolute Dynamic Topography，ADT）。其幅度的量级为 1 m，包含有海流、潮汐和中尺度涡等海洋动力学信息。

上述参数中，通过高度计测量可直接获取 SSH 信息，进一步计算可得到 SLA 和 ADT。本节以法国 AVISO（Archiving Validation and Interpolation of

Satellite Oceanographic Data）发布的 Ssalto/Duacs 多任务测高产品和 SWOT 测高产品为例，分别介绍基于多卫星雷达高度计观测和高分辨率、宽刈幅高度计观测的海面高度相关产品，更多产品信息可参考 AVISO 官网。

2.4.1 Ssalto/Duacs 多任务高度计产品

Duacs 是 Ssalto 多任务高度计数据处理系统，融合了多卫星高度计沿轨测高数据。自 1992 年以来，AVISO 就一直在分发全球 TOPEX/Poseidon 和 ERS 卫星测高数据。随着新的测高卫星的发射，逐步形成了比较完整的 AVISO 产品数据集。哥白尼海洋环境监测服务中心（Copernicus Marine Environment Monitoring Service，CMEMS）负责处理和分发全球海洋以及地中海、黑海、欧洲海域和北冰洋的 Ssalto/Duacs 网格化“allsat”系列和沿轨产品，数据类型包括近实时（Near-real time，NRT）产品和延时（Delayed-time，DT）产品，产品要素包括 SSH、SLA、ADT、地转流和地转流异常等。哥白尼气候变化服务中心（Copernicus Climate Change Service，C3S）负责处理和分发全球海洋以及地中海和黑海的 Ssalto/Duacs 网格化“twosat”系列延时产品。

2.4.1.1 AVISO 多任务高度计融合产品

该产品时间跨度为 1993 年 1 月至今，包括逐日、月平均、季节平均和气候态月平均数据，空间分辨率为 0.25° × 0.25°。数据格式为 PNG 和 NetCDF，可通过 AVISO 官网下载，网址为 https://www.aviso.altimetry.fr/en/data/products/sea-surface-height-products.html。该网站提供多种下载方式，包括网页、FTP（ftp://ftp-access.aviso.altimetry.fr/）或 SFTP（sftp://ftp-access.aviso.altimetry.fr:2221/）下载。

2.4.1.2 CMEMS 多任务高度计融合产品

CMEMS L4 级网格化产品融合了 Sentinel-6A、Sentinel-3A/B、TOPEX/Poseidon、Jason 1-3、Saral/AltiKa、Cryosat-2、ERS-1/2、Envisat、GFO、HY-2A/B 等多卫星高度计观测数据（MERCATOR OCEAN，2023），分为近实

时（Near-real time，NRT）产品和多年（Multi-year，MY）产品。其中，NRT逐日产品的时间跨度为 2022 年 1 月 1 日至今，每日更新；MY 产品的时间跨度为 1993 年 1 月 1 日至 2023 年 6 月 7 日，包括逐日和月平均数据，全球产品（SEALEVEL_GLO_PHY_L4_NRT _008_046，SEALEVEL_GLO_PHY_L4_MY_008_047）的空间分辨率均为 0.25°×0.25°，欧洲海域（SEALEVEL_EUR_PHY_L4_NRT _008_060，SEALEVEL_EUR_PHY_L4_MY_008_068）产品的空间分辨率为 0.125°×0.125°，数据格式均为 NetCDF，可在 CMEMS 官网搜索产品名称下载，网址为 https://data.marine.copernicus.eu/products。图 2-5 显示了基于全球 NRT 产品绘制的 SLA 分布。

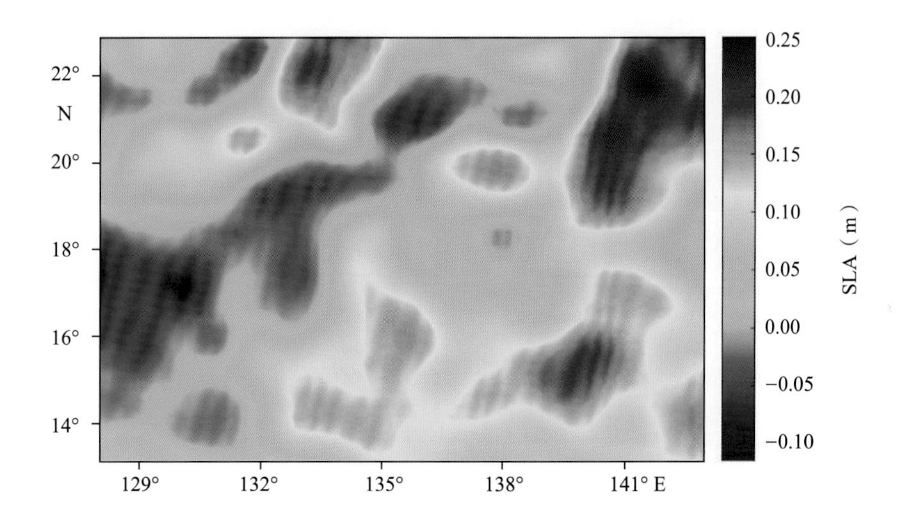

图 2-5　CMEMS 全球 NRT 产品 2024 年 1 月 25 日 SLA 分布

2.4.2　SWOT 产品

SWOT 卫星的主载荷是宽刈幅、高分辨率 Ka 波段雷达干涉仪（KaRIn），根据具体情况以两种不同的模式运行，其中低速率（Low Rate，LR）模式专用于海洋观测。星上同时搭载星下点高度计。

AVISO 平台提供 L2 级和 L3 级 SWOT SSH 产品，名称分别为 SWOT KaRIn Low Rate Sea Surface Height Products (SWOT_L2_LR_SSH）和 SWOT Sea Surface

Height Data Products (SWOT_L3_LR_SSH)。上述产品均可通过 AVISO 官网下载，网址分别为 https://www.aviso.altimetry.fr/en/data/products/sea-surface-height-products/global/swot-karin-low-rate-ocean-products.html 和 https://www.aviso.altimetry.fr/en/data/products/sea-surface-height-products/global/swot-l3-ocean-products.html。

表 2-2 列出了 SWOT L2 级全球产品的相关信息。该产品包含 1 d 和 21 d 沿轨产品，每种产品又分为 4 种类型：Basic（基础）、WindWave（风浪）、Expert（专家）、Unsmoothed（未平滑），延迟发布时间均小于 45 d。以 21 d 轨道 Basic 类型产品为例，包括 SSH、SSHA 等数据。图 2-6 显示了基于 SWOT_L2_LR_SSH['Basic'] 产品绘制的 SSH 沿轨分布。

L3 级全球产品 SWOT_L3_LR_SSH 的最新版本为 V1.0，于 2024 年 5 月发布，是对之前 beta 版本的重大升级。通过 NASA/CNES 项目的额外增强和错误修复，提供了更好的海洋定标和与传统星下点高度计星座的一致性；采用改进的深度学习（CNN）降噪算法，提供了更稳定和更好的性能。该产品的空间分辨率为 2 km × 2 km，时间跨度为 2023 年 4 月至 2024 年 4 月，覆盖 SWOT 任务的两个主要轨道阶段。共包括两种类型的产品：基础产品（Basic L3_LR_SSH）和专家产品（Expert L3_LR_SSH），前者仅提供 SSHA 和平均动力地形数据，后者还额外提供后向散射、平均海表面、地转流数据，并集成了一些算法、校正和外部模型。

表 2-2　SWOT_L2_LR_SSH 产品信息

产品文件	网格空间分辨率
L2_LR_SSH ['Basic']	2 km × 2 km
L2_LR_SSH ['WindWave']	
L2_LR_SSH ['Expert']	
L2_LR_SSH ['Unsmoothed']	250 m × 250 m

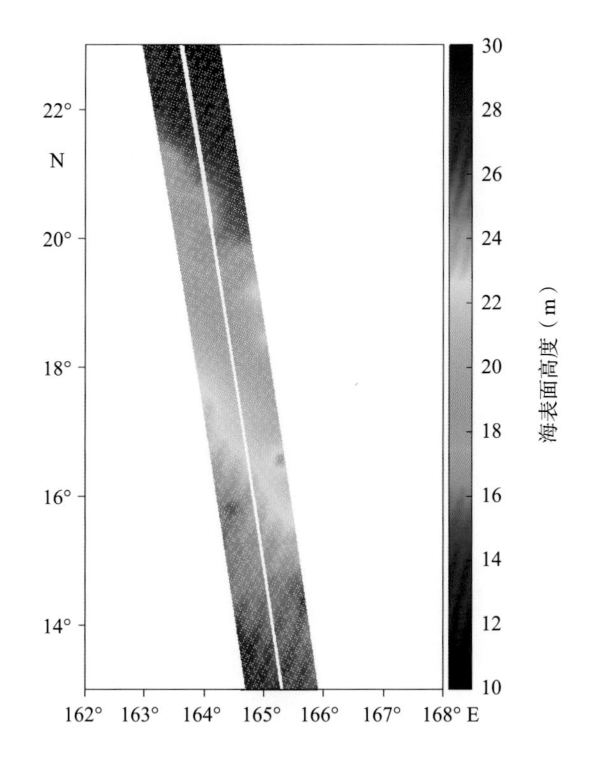

图 2-6　2023 年 11 月 23 日 SWOT L2 产品 SSH 沿轨分布

2.5　海浪

海浪指海表面发生的海水波动现象，是海洋中存在的最广泛的动力过程，对船舶航运安全、海上平台建设、近岸人类活动等有巨大的影响，在海 - 气界面能量交换中也扮演着重要角色。海浪的观测手段主要包括浮标观测、船舶观测、卫星遥感观测等。其中，可用于有效波高（Significant Wave Height，SWH）、海浪谱等测量的卫星传感器包括雷达高度计、海浪波谱仪、合成孔径雷达等，本节介绍基于这几种传感器数据制作的海浪产品。

2.5.1　高度计有效波高产品

雷达高度计观测海浪主要是获取有效波高的信息。有效波高是最常用于反映海浪状态的参数，其定义为在一个时间区间内观测到的最高的 1/3 大波的平均波高。高度计测量有效波高依赖于反射的雷达脉冲的形状和时间，这是因为有效脉冲持续时间与有效波高之间存在对应关系，通过对有效脉冲持续时间的测量就可以计算出海面的有效波高。下面以 HY-2 高度计产品和 AVISO/CMEMS 高度计融合产品为例介绍有效波高产品的特点。

2.5.1.1 HY-2 SWH 产品

国家卫星海洋应用中心发布基于 HY-2B/C/D 卫星 C/Ku 双频段高度计数据制作的全球海域 L2 级 SWH 产品，3 颗卫星组网观测在一天内可以覆盖全球开阔海域的大部分区域。Jia 等（2020）使用美国国家数据浮标中心（National Data Buoy Center，NDBC）的浮标数据对 HY-2B SWH 数据进行了检验，RMSE 为 0.27 m，表明数据质量优良。

HY-2B/C/D L2 级 SWH 沿轨产品的时间跨度为 2018 年 10 月 25 日至今，地面脉冲有限足迹最小为 1.9 km，包括 3 种格式：IGDR（Interim Geophysical Data Records，临时地球物理数据）、SDR（Sensor Geophysical Data Records，传感器地球物理数据）、GDR（Geophysical Data Records，地球物理数据）。以 GDR 数据为例，其单个 nc 文件（即一轨数据）中包括 4 种 SWH 数据：Ku 波段 1 Hz、Ku 波段 20 Hz、C 波段 1 Hz 和 C 波段 20 Hz 数据。所有类型的产品可通过中国海洋卫星数据服务系统下载，网址为 https://osdds.nsoas.org.cn/home。

2.5.1.2 AVISO/CMEMS 融合产品

AVISO 平台提供 L4 级近实时网格化多任务融合 SWH 产品。该产品由 WAVE-TAC 多任务高度计数据处理系统进行近实时处理，2019 年之后的数据由 CMEMS 负责发布与管理，属于 CMEMS Ocean Product 中的 L4 级 SWH 产品（WAVE_GLO_WAV_L3_SWH_NRT_OBSERVATION_014_001）。

AVISO/CMEMS 全球 SWH 产品融合了多颗卫星高度计的有效波高数据，包括 Jason-3、Sentinel-3A、Sentinel-3B、SARAL/AltiKa、Cryosat-2、CFOSAT

和 HY-2 等。该产品的时间跨度为 2009 年 9 月至今，时间分辨率为 1 d，空间分辨率为 1°×1°（2020 年 1 月之后 CMEMS 发布的融合数据空间分辨率为 2°×2°），数据格式为 NetCDF 格式。目前，AVISO 平台仅保存 2009—2019 年的数据，网址为 https://www.aviso.altimetry.fr/en/data/products/wind/wave-products/ mswh/mwind.html；2019 年之后的同类型产品移至 CMEMS 网站发布，网址为 https://data.marine.copernicus.eu/product/WAVE_GLO_PHY_SWH_L4_NRT_ 014_003/description。图 2-7 显示了基于 2019 年 12 月 1 日融合产品绘制的 SWH 分布。

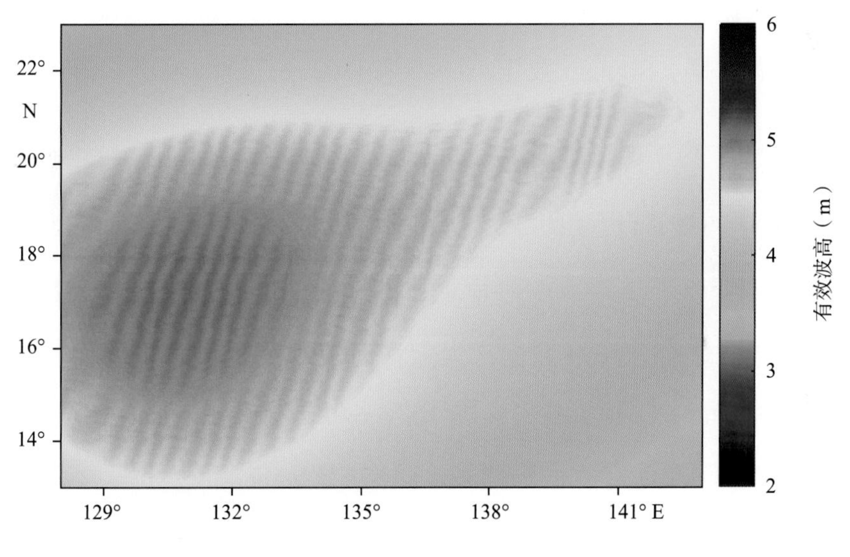

图 2-7　2019 年 12 月 1 日融合产品有效波高分布

2.5.2　波谱仪海浪谱产品

海浪可视作由无限多个振幅不同、频率不同、方向不同、位相杂乱的波组成，因此可以引入谱的概念来对海浪进行描述。海浪谱描述海浪组成波能量相对于频率和方向的分布，是随机海浪的一个重要统计性质，某时某地的海浪场的所有统计特征（如波长、波高、波向等）均可以从海浪的方向谱获取。

中法海洋卫星 CFOSAT 上搭载的海浪波谱仪（Surface Waves Investigation and Monitoring，SWIM）由星下点波束和小入射角真实孔径雷达组成，可以反演获取海浪谱信息。SWIM L2 级产品文件中，pm_mean 为二维全波束平均调制谱，pp_mean 为二维全波束平均斜率谱，wave_param 为根据二维谱反演出的海浪参数，如有效波高、波长、波向等。

SWIM 海浪谱沿轨产品的时间跨度为 2019 年 4 月 25 日至今，可从 AVISO 网站下载，网址为 https://www.aviso.altimetry.fr/en/data/products/wind/wave-products/wave-wind-cfosat-products.html。该网站同时提供波谱仪数据可视化工具，根据指令下载可视化程序后可以使用 jupyter Notebook 进行操作，选择对星下点数据、Sigma0 数据、一维海浪谱、二维海浪谱、海浪参数等数据绘图。

2.5.3　SAR 海浪产品

SAR 波模式是专为全球海浪观测而设计的，虽然其图像尺寸较小，但能够自动、持续获取全球海域数据，为大洋海浪观测提供了重要而独特的遥感数据。Li 和 Huang（2020）基于连续 10 年 640 万余景 Envisat ASAR 波模式数据，制作了全海况海浪参数遥感产品（简称“ASAR 海浪产品”），提供有效波高、平均波周期、校正后有效波高、校正后平均波周期、SAR 影像均质性参数、归一化图像方差等 14 个参数信息。ASAR 海浪产品采用 CWAVE_ENV 参数化反演模型（Li et al., 2011），通过构建海况参数与 SAR 影像特征的关系，实现全海况海浪有效波高、平均波周期等的反演；在此基础上，利用全球浮标数据对 ASAR 海浪产品进行了精度校正，显著提升了低海况和高海况下的反演精度。经高度计有效波高数据对比验证，该产品有效波高偏差为 0.18 m。利用该产品，Huang 和 Li（2021）开展了全球海浪年际变化特征的统计分析。

2.6　海流

海流是指海水大规模相对稳定的流动，是海水重要的普遍运动形式之一，在物质迁移、热量和能量的传输与交换等方面扮演着重要角色。在不考虑海水的湍应力和其他能够影响海水流动的因素的情况下，水平压强梯度力与科氏力取得平衡时的定常流动被称为地转流。使用地转近似和流体静力学平衡方程，可以基于卫星雷达高度计测高数据计算海表面的地转流水平速度分量（刘玉光，2009）。由于高度计的覆盖范围有限，通常需要基于多源卫星高度计数据来获取更大范围的地转流信息。本节主要介绍 Ssalto/Duacs 多任务高度计地转流产品和实时海表流场分析（Ocean Surface Current Analyses Real-time，OSCAR）产品。

2.6.1　Ssalto/Duacs 多任务地转流产品

Ssalto/Duacs 多任务地转流产品包含在 2.4.1 节介绍的多任务高度计产品中，数据下载方式参见该小节。其中，AVISO 多任务地转流产品要素包含地转流的经向和纬向速度分量，时间跨度为 1993 年 1 月至今，包括月平均、季节平均和气候态月平均数据，空间分辨率为 0.25° × 0.25°。CMEMS L4 级多任务地转流产品要素包括海面地转流和地转流场异常的经向与纬向速度分量，具体信息列于表 2-3。

表 2-3　CMEMS L4 级多任务地转流产品信息

<table>
<tr><th>类型</th><th>产品号</th><th>区域</th><th>时段</th><th>时间分辨率</th><th>空间分辨率</th></tr>
<tr><td rowspan="2">NRT近实时产品</td><td>SEALEVEL_GLO_PHY_L4_NRT _008_046</td><td>全球</td><td rowspan="2">2022-01-01 至今</td><td rowspan="2">1 d</td><td>0.25° × 0.25°</td></tr>
<tr><td>SEALEVEL_EUR_PHY_L4_NRT _008_060</td><td>欧洲海域</td><td>0.125° × 0.125°</td></tr>
</table>

续表

类型	产品号	区域	时段	时间分辨率	空间分辨率
MY多年产品	SEALEVEL_GLO_PHY_L4_MY_008_047	全球	1993-01-01至2023-06-07	1 d 月平均	0.25° × 0.25°
	SEALEVEL_EUR_PHY_L4_MY_008_068	欧洲海域			0.125° × 0.125°

2.6.2 OSCAR 海表流场产品

基于 SSH 梯度、SST、海面风场等卫星遥感数据，使用上层海洋湍流混合层的简化物理模型可以计算得到海表流场。总的速度场由地转流、风生 Ekman 流和热成风调制 3 项组成。基于此，NASA 制作了 OSCAR 全球海表流场产品，该产品具有较高的精度，与漂流浮标数据的相关系数大都在 90% 以上（Dohan and Maximenko，2010）。

表 2–4 对比了 OSCAR 海表流场产品不同版本的特点。目前最新版本为 OSCAR V2.0，于 2022 年 1 月发布，包含总流场的经向与纬向速度分量以及地转流的经向与纬向速度分量。该产品的时间跨度为 1990 年至今，时间分辨率为 1 d，空间分辨率为 0.25° × 0.25°。OSCAR V2.0 产品包括 3 个质量级别：final、interim 和 nrt（near-real-time），分别具有约 1 a、1 个月和 2 d 的时间延迟。不同级别数据之间的差异是由于源数据集的不同所导致的，具体信息见表 2–5。

表 2–4　OSCAR 海表流场产品早期版本与 V2.0 版本对比

	OSCAR早期版本	OSCAR v2.0版本
文件名称示例	oscar_vel2024.nc	oscar_currents_nrt_20240315.nc
纬度范围（起始值：步长：结束值）	80°：−0.333°：−80°	−89.75°：0.25°：89.75°
经度范围	20°：0.333°：420°	0°：0.25°：359.75°
起止时间	1992-10-05至今	1990-01-01至今
时间分辨率	~5 d	1 d

表 2-5　OSCAR V2.0 版本海表流场产品源数据信息

<table>
<tr><th>源数据</th><th colspan="2">最终产品</th><th>中间产品</th><th>近实时产品</th></tr>
<tr><td>SSH</td><td colspan="4">SSALTO/DUACS ADT</td></tr>
<tr><td>海面风</td><td colspan="3">ERA5（ECMWF Re-Analysis V5）再分析产品</td><td>NCEP/NCAR再分析产品</td></tr>
<tr><td rowspan="2">SST</td><td>1993—2015年</td><td>2016年至今</td><td colspan="2" rowspan="2">CMC0.1deg-CMC-L4-GLOB-V3.0</td></tr>
<tr><td>CMC0.2deg-CMC-L4-GLOB-V2.0</td><td>CMC0.1deg-CMC-L4-GLOB-V3.0</td></tr>
</table>

OSCAR V2.0 版本海表流场产品的数据格式为 NetCDF，可通过 NASA 的 PO.DAAC 网站下载，网址为 https://podaac.jpl.nasa.gov/dataset/OSCAR_L4_OC_INTERIM_V2.0。图 2-8 显示了基于该产品 nrt 数据绘制的海表流场分布。

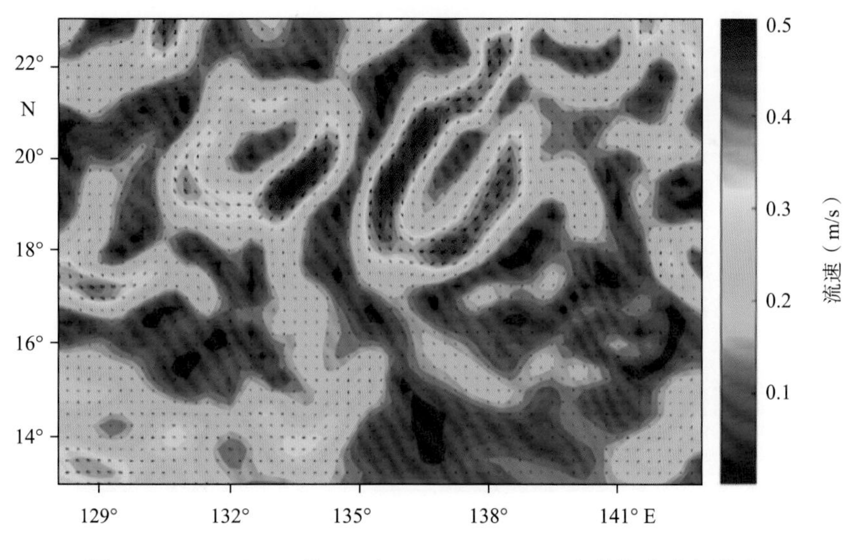

图 2-8　2023 年 10 月 24 日 OSCAR V2.0 nrt 产品海表流场分布

2.7　基于遥感观测的水下三维温盐重构产品

海水的温度和盐度是海洋热力学研究中的两个关键参数，其垂向分布决定了海洋混合层、温盐跃层以及障碍层等特征结构的位置。海洋中存在着不同时空尺度的动力过程，对海水层结、海洋生态系统及全球气候变化等具有极其重要的作用，这些过程会显著改变海洋三维温盐场的分布。因此，海水的温度和盐度也是海洋动力现象的重要指示因子。以 Argo 浮标阵列观测网为代表的现场观测是最为有效的获取海洋三维温盐信息的方式，但所得数据的连续性和空间分辨率均较低。卫星遥感具有大范围、高分辨率和长期连续观测海洋的优势，基于卫星遥感数据开展水下温盐重构具有重要意义。采用参数化模型、线性统计模型、动力学模型和人工智能方法等，国内外许多学者开展了大洋和区域水下温盐重构研究（Isern-Fontanet et al., 2006；Su et al., 2015, 2018；Lu et al., 2019；Xie et al., 2022a, 2023）。国内部分学者基于所开发的重构模型制作了海洋三维温盐和海洋热含量（Ocean Heat Content，OHC）重构产品，并在科学数据银行（Science Data Bank）网站共享，下面介绍这 3 套产品的特点。

2.7.1 DORS 海洋三维温度产品

DORS（Deep Ocean Remote Sensing）海洋三维温度产品由 Su 等（2022）研制，时间跨度为 1993—2020 年，包括全球海洋上层 2 000 m 共 23 个垂向分层的温度信息，时间分辨率为月，空间分辨率 1°×1°。该产品中的海水温度是通过融合多源卫星遥感观测和浮标观测资料，采用卷积长短期记忆网络（ConvLSTM）模型重构得到的。与实测温度垂向廓线数据的对比结果表明，该产品具有很好的可靠性。DORS 产品的数据格式是 NetCDF，下载网址为 http://www.doi.org/10.57760/sciencedb.01918。

2.7.2 OPEN 海洋热含量产品

Lu 等（2023）基于海面高度、温度和风等卫星遥感数据和 Argo OHC 网格数据，采用神经网络方法构建了 OHC 反演模型，制作了 OPEN（Ocean Projection and Extensionneural Network）OHC 产品集。该产品涵盖全球海域，时间跨度为 1993—2022 年，时间分辨率为月，空间分辨率为 1°×1°，包含 4 个不同深度的 OHC 异常，分别对应 0 ~ 300 m、0 ~ 700 m、0 ~ 1 500 m 和 0 ~

2 000 m。产品的数据格式是 NetCDF，下载网址为 http://www.doi.org/10.11922/sciencedb.01058。

2.7.3　IAP 海洋三维盐度产品

IAP（Institute of Atmospheric Physics）海洋三维盐度产品由 Cheng（2022）研制，时间跨度为 1993—2018 年，包括全球（180°W—180°E、70°S—70°N）海洋上层 2 000 m 的盐度信息，垂向分 41 层，时间分辨率为月，空间分辨率为 0.25° × 0.25°。该产品提供的海水盐度是通过融合 SST、ADT、海面风等多源卫星数据、浮标观测资料和粗分辨率（100 km × 100 km）盐度数据，采用前馈神经网络（FFNN）模型重构得到的。与粗分辨率盐度数据相比，IAP 重构产品在中尺度过程活跃的区域（如湾流、黑潮、南极绕极流等）显示出与实际更为符合的盐度空间分布特征。该产品的数据格式是 NetCDF，下载网址为 https://www.scidb.cn/en/detail?dataSetId=cb35a4b7ddc2466faec736da916b5106。

第3章 海洋气象要素遥感数据

海洋气象要素指海洋上方表征大气状态的物理量，如海面风场、气温、气压、湿度、风、降水、云、气溶胶等。海洋气象要素的遥感数据具有覆盖范围广、时空分辨率高、更新频率快等优点，在海洋气象过程与海－气相互作用研究、海洋气象灾害监测、海洋环境预报、海洋资源开发利用、海洋工程建设等方面均具有重要的应用价值。本章主要介绍海面风场、大气温湿廓线、降水、大气水汽含量、云液水含量以及气溶胶等要素卫星遥感产品及其特点。

3.1 海面风场

海面风场（风矢量）是研究海洋环境的重要参数。雷达高度计、散射计、微波辐射计、合成孔径雷达（SAR）以及全球导航卫星系统反射测量（GNSS-R）等均可用于海面以上 10 m 处风场的观测。其中，传统雷达高度计仅能获取沿轨星下点风速，而星载散射计则能够准确提供中等海况下的全球海面风速和风向信息，应用最为广泛，但其高风速观测能力有限。微波辐射计可以弥补散射计在高风速方面的不足，但一般仅能获取风速信息，仅全极化辐射计 WindSat 可同时测量风速和风向。散射计和微波辐射计风场产品的空间分辨率（12.5 ~ 25 km）相对较低，而 SAR 由于其高分辨率成像优势，尤其适用于近海、岛屿、冰缘附近海域的风场观测。GNSS-R 是一种新兴的遥感技术，具有较高的观测频率。本节主要介绍基于不同传感器观测反演得到的海面风场产品及多源卫星融合产品，最后介绍热带气旋风场遥感产品。

3.1.1 散射计风场产品

3.1.1.1 中国 HY-2B 卫星产品

中国国家卫星海洋应用中心（NSOAS）提供我国 HY-2 系列卫星 Ku 波段散射计（HSCAT）和中法海洋卫星散射计（CSCAT）观测的 L2B 级瞬时沿轨海面风矢量产品，风场反演算法采用 NSCAT-4 地球物理模型函数（Geophysical Model Function，GFM）（国家卫星海洋应用中心，2023）。

对应 HY-2B、HY-2C 和 HY-2D 卫星上的散射计观测，HSCAT 全球海面风场产品包含 3 个时间跨度，分别为 2019 年 1 月 13 日至今的 HSCATB 产品、2020 年 9 月 25 日至今的 HSCATC 产品以及 2021 年 5 月 25 日至今的 HSCATD 产品，空间分辨率均为 25 km × 25 km。与欧洲中期天气预报中心（European Centre for Medium-Range Weather Forecasts，ECMWF）再分析产品对比，HSCATB 海面风速的平均偏差为 −0.11 m/s，均方根误差（RMSE）为 1.22 m/s；海面风向的平均偏差为 0.57°，RMSE 为 15.20°（国家卫星海洋应用中心，2020）。图 3-1 显示了 HSCATB 海面风速分布。

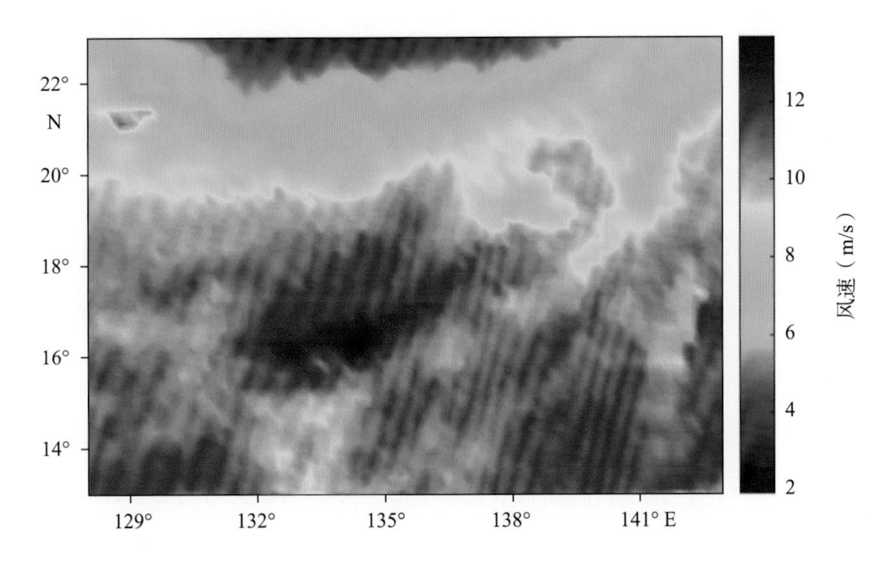

图 3-1 HY-2B SCAT L2B 产品 2022 年 1 月 3 日海面风速分布

CSCAT 全球海面风场产品的时间跨度为 2018 年 11 月 14 日至 2023 年 11 月 1 日，风场反演采用最大似然估计法（Maximum Likelihood Estimation，MLE），其中 GMF 使用 NSCAT-4 模型（郎姝燕等，2022）。与 ECMWF 再分析产品对比，海面风速的平均偏差和 RMSE 分别为 −0.76 m/s 和 1.38 m/s，海面风向的平均偏差和 RMSE 分别为 0.55° 和 10.83°（国家卫星海洋应用中心，2020a）。

HSCAT 和 CSCAT 海面风场产品的数据格式均为 HDF5，可通过 NSOAS 的中国海洋卫星数据服务系统下载，网址为 https://osdds.nsoas.org.cn/OceanDynamics，该网站同时提供海洋卫星数据分发系统用户手册。

3.1.1.2 RSS 平台产品

RSS（Remote Sensing Systems）平台提供 Ku 波段 QuikSCAT SeaWinds、C 波段 ASCAT 散射计海面风矢量产品，以及 Fortran、IDL、Matlab 和 Python

等数据读取程序。

（1）QuikSCAT 产品

RSS 平台使用改进的 Ku-2011 GMF 来生产制作 QuikSCAT V4 海面风场产品。Ku-2011 GMF 是使用 WindSat 数据作为校准目标开发的。平均而言，风速产品在低风速下产生正偏差，在高风速下产生负偏差。风向受降雨的影响较小，除非降雨量较大（> 8 mm/h）。与浮标观测对比，RSS 平台提供的 QuikSCAT 风速平均偏差为 −0.03 m/s，标准差为 0.87 m/s；与 NCEP/NCAR 再分析产品对比，在 8 ~ 30 m/s 风速范围，风向的 RMSE 约为 10°（Ricciardulli and Wentz，2015）。

RSS 提供两种类型的 QuikSCAT 全球海面风场产品，分别是瞬时沿轨产品和逐日、3 d 平均、周平均、月平均网格化产品，空间分辨率均为 25 km × 25 km，时间跨度为 1999 年 7 月 19 日至 2009 年 11 月 19 日。平台官方网址为 https://remss.com/，沿轨产品 FTP 下载网址为 ftp://ftp.remss.com/qscat/qscat_wind_vectors_v04/ 和 ftp://ftp.remss.com/seawinds/seawinds_wind_vectors/，网格化产品 FTP 下载网址为 ftp://ftp.remss.com/qscat/bmaps_v04 和 ftp://ftp.remss.com/seawinds/bmaps_v03。

（2）ASCAT 产品

RSS 从欧洲气象卫星开发组织 EUMETSAT 获取 12.5 km × 12.5 km 分辨率的 ASCAT L1B 级后向散射数据，采用 C-2015 GMF 反演海面风场，于 2016 年 4 月发布了 ASCAT V2.1 产品。与早期 V1.2 版本相比，在高风速（>30 m/s）下，V2.1 版本的风速高 5% ~ 6%；当风速在 17 ~ 27 m/s 之间时，风速低 2% ~ 4%。与 Ku 波段 QuikSCAT 相比，C 波段 ASCAT 观测受降雨的影响较小，对高风速（如热带气旋）的反演效果更好（Ricciardulli，2016）。ASCAT 风速和浮标观测之间的标准偏差约为 1 m/s，在 0 ~ 15 m/s 范围内与浮标风速是无偏的；风速越小，风向的 RMSE 越高，当风速大于 7 m/s 时，风向的 RMSE 降低至 15° 左右（Ricciardulli and Manaster，2021）。

RSS 平台提供两种类型的 ASCAT 全球海面风场产品，分别是沿轨产品和逐日、3 d 平均、周平均、月平均网格化产品，空间分辨率均为 25 km × 25 km，ASCAT-A 产品的时间跨度为 2007 年 3 月 1 日至 2021 年 11 月，ASCAT-B 产品为 2012 年 12 月 13 日至今，ASCAT-C 产品为 2019 年 7 月 1 日至今。沿轨产品 FTP 下载网址为 ftp://ftp.remss.com/ascat/MetopA/ascat_wind_vectors_v02.1，网格化产品 FTP 下载网址为 ftp://ftp.remss.com/ascat/metopa/bmaps_v02.1 。

3.1.1.3　OSI-SAF 平台产品

EUMETSAT 海洋和海冰卫星应用中心（Ocean and Sea Ice Satellite Application Facility，OSI SAF）平台提供 Ku 波段的 HSCAT、OSCAT 以及 C 波段 ASCAT 散射计海面风矢量产品，数据格式为 BUFR 和 NetCDF。数据获取一般可通过 3 种方式：联系 ops@eumetsat.int 通过 EUMETCast 系统获取 BUFR 数据；联系 scat@knmi.nl 团队访问受密码保护的 FTP 服务器，但仅限最近 3 d 的产品；通过 EUMETSAT 数据中心访问历史数据，网址为 https://www.eumetsat.int/eumetsat-data-centre。

（1）HSCAT 产品

基于 NSOAS 提供的 HY-2 系列卫星 HSCAT L1B 级数据，OSI SAF 生产制作了 HSCAT 全球沿轨风场产品，空间分辨率为 25 km × 25 km 和 50 km × 50 km。处理软件由 OSI SAF 开发，在荷兰皇家气象学会（Koninklijk Nederlands Meteorologisch Instituut，KNMI）操作环境中运行。

（2）OSCAT 产品

印度 ScatSat-1 卫星和 Oceansat-2 卫星上均装载了 OSCAT 散射计，其 1B 级数据被 KNMI 处理成空间分辨率 25 km × 25 km 和 50 km × 50 km 的 2 级全球沿轨风场产品，风场反演算法为 NSCAT-4 GMF 模型（OSI SAF，2018）。

（3）ASCAT 产品

基于 MetOp 卫星 ASCAT 1B 级数据，KNMI 采用 CMOD5.n 和 CMOD7 模型反演得到了空间分辨率为 12.5 km × 12.5 km 和 50 km × 50 km 的 2 级全球

沿轨风场产品。

表 3-1 列出了 OSI SAF 平台提供的上述不同卫星散射计风场产品的相关信息。表 3-2 给出了 2022 年 1—6 月 HSCAT 风速、2016 年 10 月至 2017 年 7 月 ScatSat-1 散射计风速、2012 年 10 月至 2013 年 7 月 Oceansat-2 散射计风速以及 CMOD7 模型反演的 2017 年 1—3 月 ASCAT-B 风速与浮标观测之间的对比结果（EUMETSAT, 2021；OSI SAF, 2022；Verhoef et al., 2021）。

表 3-1　OSI SAF 平台散射计海面风场产品相关信息

卫星及传感器	时间跨度	空间分辨率	网址
HY-2B HSCAT	2021-11-04 至今	25 km × 25 km	https://navigator.eumetsat.int/product/EO:EUM:DAT:0537
		50 km × 50 km	https://navigator.eumetsat.int/product/EO:EUM:DAT:0538
HY-2C HSCAT	2021-11-04 至今	25 km × 25 km	https://navigator.eumetsat.int/product/EO:EUM:DAT:0539
		50 km × 50 km	https://navigator.eumetsat.int/product/EO:EUM:DAT:0540
HY-2D HSCAT	2023-11-09 至今	25 km × 25 km	https://navigator.eumetsat.int/product/EO:EUM:DAT:0890
		50 km × 50 km	https://navigator.eumetsat.int/product/EO:EUM:DAT:0891
ScatSat-1 OSCAT	2019-01-09至 2021-02-28	25 km × 25 km	https://navigator.eumetsat.int/product/EO:EUM:DAT:0031
		50 km × 50 km	https://navigator.eumetsat.int/product/EO:EUM:DAT:0032
Oceansat-2 OSCAT	2009-12-15至 2014-02-20	25 km × 25 km	https://navigator.eumetsat.int/product/EO:EUM:DAT:0899
		50 km × 50 km	https://navigator.eumetsat.int/product/EO:EUM:DAT:0900
MetOp-A/ B/C ASCAT	2008-12-31至 2011-02-28	12.5 km × 12.5 km	https://navigator.eumetsat.int/product/EO:EUM:DAT:METOP:ASCAT12
	2007-10-15至 2011-02-28	25 km × 25 km	https://navigator.eumetsat.int/product/EO:EUM:DAT:METOP:ASCAT25

表 3-2　散射计风速与浮标观测的对比

风场产品	风速偏差（m/s）	风速*u*分量标准差（m/s）	风速*v*分量标准差（m/s）
12.5 km MetOp-B	0.04	1.71	1.78
25 km MetOp-B	0.07	1.72	1.78

续表

风场产品	风速偏差（m/s）	风速*u*分量标准差（m/s）	风速*v*分量标准差（m/s）
25 km HY-2B	−0.22	1.50	1.47
25 km HY-2C	−0.23	1.59	1.59
25 km HY-2D	−0.11	1.57	1.55
25 km ScatSat-1	0.13	1.83	1.76
25 km Oceansat-2	−0.09	1.85	1.82
50 km HY-2B	−0.22	1.53	1.52
50 km HY-2C	−0.20	1.62	1.64
50 km HY-2D	−0.10	1.61	1.60
50 km ScatSat-1	0.16	1.85	1.80
50 km Oceansat-2	−0.03	1.84	1.83

3.1.2　微波辐射计风场产品

3.1.2.1　中国 HY-2B 卫星产品

我国 HY-2B/C/D 卫星中，仅有 HY-2B 卫星载有扫描微波辐射计 SMR。基于多通道亮温，可分别由多元线性回归法和多元非线性迭代法计算获得 HY-2B SMR L2B 和 L2C 海面风速产品，包含 3 种空间分辨率 Res6（90 km × 150 km）、Res10（70 km × 110 km）、Res18（36 km × 60 km）。国家卫星海洋应用中心（2020b）发布的产品真实性检验报告显示，2020 年 1 月 HY-2B SMR 风速与 WindSat 风速之间的平均偏差为 −0.02 m/s，RMSE 为 0.76 m/s。该产品数据格式为 HDF5，可通过中国海洋卫星数据服务系统进行检索和下载，网址为 https://osdds.nsoas.org.cn/OceanDynamics。

3.1.2.2　RSS 平台产品

RSS 系统提供多个微波辐射计观测的海面风场数据，以及 Fortran、IDL、

Matlab 和 Python 等数据读取程序。其中，海面风速信息主要来自 DMSP 卫星上的 SSM/I 和 SSMIS、TRMM 卫星上的 TMI、GPM 卫星上的微波成像仪 GMI、Aqua 卫星上的 AMSR-E、GCOM-W1 卫星上的 AMSR-2 以及 SMAP 卫星上的微波辐射计等；海面风矢量（风速和风向）信息来自 Coriolis 卫星上的 WindSat 全极化辐射计（表 3-3）。以 AMSR2 海面风速产品为例，其与 2023 年 NDBC 浮标观测之间的平均偏差为 −0.55 m/s，RMSE 为 1.35 m/s（https://suzaku.eorc.jaxa.jp/cgi-bin/gcomw/validation/gcomw_validation_sswi.cgi）。基于各微波辐射计的逐日网格化全球海面风场产品的空间分辨率为 25 km × 25 km，时间跨度见表 3-3。其中，TMI、GMI 和 WindSat 产品以二进制形式存储，读取程序可同数据一并下载；AMSR-E、AMSR-2 和 SMAP 微波辐射计产品的数据格式为 NetCDF，下载网址为 https://www.remss.com/measurements/wind/#wind_by_instrument。

表 3-3　RSS 平台微波辐射计海面风场产品信息

海面风场要素	微波辐射计名称	时段
风速	SSM/I, SSMIS	1987年至今
	TMI	1997—2015年
	AMSR-2	2012年至今
	AMSR-E	2002—2011年
	GMI	2014年至今
	SMAP微波辐射计	2015年至今
风速和风向	WindSat	2003年至今

3.1.3　GNSS-R 风场产品

3.1.3.1　中国 FY-3 卫星产品

中国国家卫星气象中心（NSMC）提供 FY-3E 卫星全球导航卫星掩星探测

仪－Ⅱ型（GNOS-Ⅱ）海面风速产品，该产品利用海面上反射的 GNSS 卫星（包括 GPS、BDS）信号由多参量协同算法反演得到海面风速。与 ECMWF 再分析产品相比，平均风速偏差为 0.1 m/s，RMSE 为 1.55 m/s；与 HY-2B 散射计风速相比，平均风速偏差为 −0.01 m/s，RMSE 为 1.49 m/s（Yang et al., 2022）。

GNOS-Ⅱ海面风速产品为瞬时沿轨数据，空间分辨率为 25 km × 25 km，时间跨度为 2022 年 6 月 1 日至今。产品数据格式为 HDF5，可从 NSMC 的风云卫星遥感数据服务网下载，网址为 http://satellite.nsmc.org.cn/PortalSite/Data/Satellite.aspx。

3.1.3.2 CYGNSS 产品

基于 CYGNSS L1 级数据中的延迟多普勒图平均值，经数据预处理得到归一化双基雷达散射截面（Normalized Bistatic Radar Cross Section，NBRCS）和前沿斜率（Leading Edge Slope，LES）后，再结合 ECMWF 和全球数据同化系统的再分析产品建立经验模型，可估算得到海面风速。针对不同海况，在中低风速范围（≤ 20 m/s）使用 FDS（Fully Developed Sea）反演模型，在高风速范围（> 20 m/s）使用 YSLF（Young Sea，Limited Fetch）模型。CYGNSS 产品有效风速范围可达 70 m/s，中低风速下与 ECMWF 风速之间的 RMSE 约为 2 m/s，与 NOAA P-3 机载步进频率微波辐射计（Stepped Frequency Microwave Radiometer，SFMR）观测相比，高风速时的误差随风速增加而增大（Ruf et al., 2018）。

CYGNSS L2 级风速产品的最新版本为 3.1 版本，与 3.0 版本不同的是，3.1 版本引入了有效波高对风速产品进一步校正。因此，CYGNSS L2 V3.1 风速产品中包含 5 种风速数据：①基于 LES 的 FDS 风速；②基于 NBRCS 的 FDS 风速；③基于有效波高校正的 YSLF 风速；④基于 NBRCS 的 YSLF 风速；⑤基于 NBRCS 和 LES 采用最小方差估计反演的 FDS 风速（Clarizia and Ruf, 2016；CYGNSS, 2024）。

CYGNSS L2 V3.1 逐日网格化海面风速产品的覆盖范围为 40°S—40°N、

180°W—180°E，空间分辨率为 25 km × 25 km，时间跨度为 2018 年 8 月 1 日至今。产品的数据格式为 NetCDF，可通过 NASA PO.DAAC 下载，网址为 https://podaac.jpl.nasa.gov/dataset/CYGNSS_L2_V3.1。该网站提供了两种下载方式，既可以选择数据存档方式下载，也可以通过可视化查询检索方式下载。

3.1.4　多源卫星融合风场产品

综合散射计和微波辐射计的测风优势，不同机构开发了多源卫星多传感器融合海面风场产品。本节主要介绍 NSOAS、RSS 以及 NOAA NCEI 的融合产品。

3.1.4.1　NSOAS 产品

NSOAS 利用多源海洋动力卫星观测数据，研制了全球和重点区域的海面风场融合产品（Ocean Wind Vectors Fusion Products，FUSION OWV）。该融合产品利用二维变分方法（Two-Dimensional Variational Method，2D-Var），结合观测场和背景场的误差方差和背景风场误差相关函数，通过优化融合背景风场误差相关函数等关键参数，实现了多源数据的有效融合。FUSION OWV 支持国产 HY-2（HY-2B/C/D）和 CFOSAT 卫星海面风场产品的融合处理，融合数据源同时包含其他国家的散射计与微波辐射计风场产品，如 MetOp-A/B/C、ScatSat-1 等卫星散射计风场，AMRS2、DMSP F16/F17/F18、WindSat 等卫星微波辐射计风场等。与浮标观测对比，FUSION OWV 产品中风速的平均偏差和 RMSE 分别为 −0.15 m/s 和 1.39 m/s，风向的平均偏差和 RMSE 分别为 1.53°和 16.56°（吕思睿，2023）。

L4A 级 FUSION OWV 全球海面风场产品的时间跨度为 2019 年 3 月至今，时间分辨率为 6 h，空间分辨率为 25 km × 25 km。产品数据格式为 NetCDF，可通过中国海洋卫星数据服务系统获取，网址为 https://osdds.nsoas.org.cn/OceanDynamics，具体的数据下载方式可参考数据分发流程 https://osdds.nsoas.org.cn/distributionDetails。

3.1.4.2 CCMP 产品

RSS 平台提供 CCMP（Cross-Calibrated Multi-Platform）L4 级网格化全球海面风场产品。该产品使用变分分析方法（Variational Analysis Method，VAM），融合了多种星载微波传感器观测的海面风场（Atlas et al., 2011），并将风场再分析数据作为背景场，以确保风场在有卫星观测和没有卫星观测的区域之间的平稳过渡。这些传感器包括 QuikScat 和 ASCAT-A/B 散射计，以及 SSM/I、SSMIS、TMI、GMI、ASMR-E、AMSR2、WindSat 微波辐射计。

CCMP 产品当前最新版本为 V3.1，使用 ERA5 海面 10 m 高度处中性稳定风场作为背景场，未融合 ASCAT-C 观测，而是将其作为风场产品的独立验证数据。表 3-4 显示了 CCMP V3.1 海面风场产品和 ASCAT-B 产品的对比结果，ALL 表示所有匹配到卫星的数据，NOSAT 表示没有匹配到卫星数据的子集（Mears et al., 2022）。

表 3-4　CCMP V3.1 海面风场产品与 ASCAT-B 产品的对比结果

单位：m/s

	数据集	平均偏差	RMSE	*U*风速平均偏差	*U*风速 RMSE	*V*风速平均偏差	*V*风速 RMSE
CCMP V3.1	ALL	−0.002	0.901	0.001	1.152	−0.007	1.233
	NOSAT	−0.087	1.315	0.070	1.625	−0.019	1.774

CCMP V3.1 全球海面风矢量产品的时间跨度为 1993 年 1 月至 2024 年 1 月，时间分辨率包括 6 h 和月平均两种，空间分辨率为 25 km × 25 km，大约每月更新一次。该产品的数据格式为 NetCDF，V3.1 及历史版本数据均可通过 RSS 平台下载，网址为 https://www.remss.com/measurements/ccmp/，提供 HTTP 和 FTP 两种下载方式，FTP 需要注册账号。图 3-2 显示了根据 CCMP V3.1 产品中 2022 年 1 月 1 日数据绘制的海面风速分布。

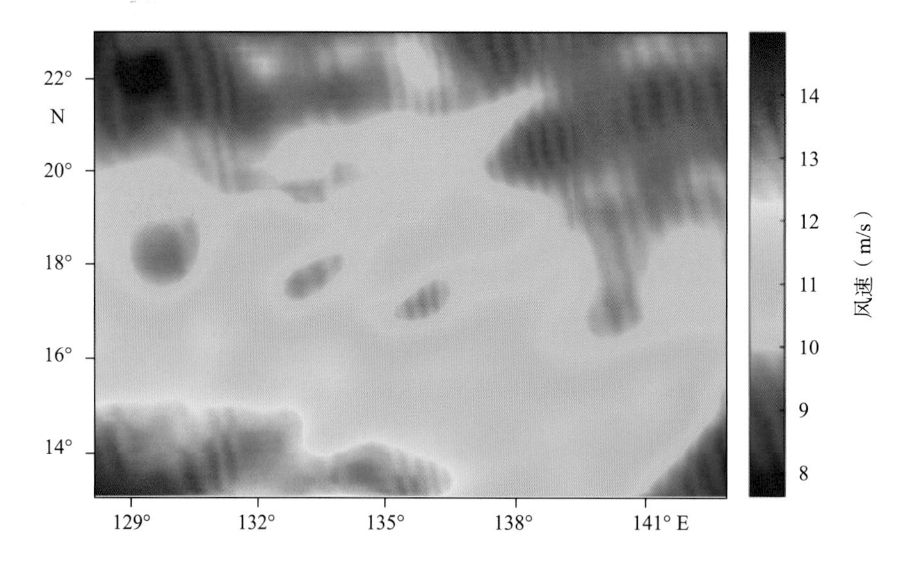

图 3-2 CCMP V3.1 产品 2022 年 1 月 1 日海面风速分布

3.1.4.3 NBS 产品

NOAA NCEI 综合来自多颗卫星多传感器的观测数据，纳入最新的海面风场反演算法，利用时空加权插值法制作了 NBS（NOAA NCEI Blended Seawinds）2.0 全球海面风场产品，可提供高达 65 m/s 的风速信息。这些传感器包括 AMSR-E、AMSR2、SMAP、WindSat、SSMIS、ASCAT、TMI、SeaWinds、MODIS、AVHRR 等。为了生成具有“无间隙”的 L4 级风场产品，数据间隙由延迟模式 NBS 中的 ERA5 再分析风场和 NRT（Near Real Time）版本中的 NCEP 全球预报系统（Global Forecast System，GFS）预报的风场填补。与 CMEMS 提供的散射计与微波辐射计风场产品相比，NBS 2.0 产品中海面风速的全球平均偏差约为 0.03 m/s；在赤道、热带和亚热带海域，RMSE 低于 2 m/s；在高纬度地区，RMSE 介于 3 ～ 5 m/s 之间（Saha and Zhang，2022）。

NBS 2.0 全球海面风场产品的时间跨度为 1987 年 7 月至今，时间分辨率包括 6 h、逐日、月平均 3 种，空间分辨率为 25 km × 25 km。该产品的数据格式为 NetCDF，可通过 NOAA 官网获取，下载网址为 https://www.star.nesdis.noaa.gov/data/pub0015/coastwatch/blended/wind/science/uvcomp/， 在 NRT 模式

下延迟 1 d 即可获取。

3.1.5　热带气旋海面风场产品

3.1.5.1　SAR 产品

SAR 热带气旋产品是张彪等（Zhang et al., 2021）基于 RADARSAT-2 和 Sentinel-1A/1B 等卫星上的 C 波段 SAR 数据制作的高分辨率热带气旋风场和风结构产品，产品要素包含热带气旋海面风速、风向以及 34 kt、50 kt 和 64 kt（1 kt ≈ 0.514 m/s）风速对应的风圈半径，分别使用贝叶斯算法和局部梯度算法，其中最大风速与国际热带气旋最佳路径数据（International Best Track Archive for Climate Stewardship，IBTrACS）之间的 RMSE 为 9.1 m/s，3 个风半径的 RMSE 分别为 21.7 n mile、16.5 n mile 和 16.3 n mile。

该产品的时间跨度为 2012—2021 年，空间覆盖范围为 40°S—40°N、180°W—180°E，网格化风场产品的空间分辨率为 1 km × 1 km。数据格式为 NetCDF，可通过两种方式下载：① FTP 下载：ftp://ftp.ifremer.fr/ifremer/cersat/projects/maxss/added_value/tc-vortex-radii/；② HTTP 下载：https://data-maxss.ifremer.fr/added_value/tc-vortex-radii/。图 3−3 显示了基于 Sentinel-1A 数据反演得到的 2021 年 9 月 25 日 20：48：16 UTC 飓风 Mindulle 海面风速分布。

3.1.5.2　机载 SFMR 产品

利用机载 SFMR，NOAA 对东太平洋和大西洋的热带气旋进行了长期观测并发布了高时空分辨率海面风速产品。使用 4.6 ~ 7.2 GHz 之间的 6 个频率对海面亮温进行观测，有效地降低了降雨对风速反演的影响，风速反演上限高达 70 m/s（Uhlhorn et al., 2007）。除风速外，还提供 SST 和降雨率信息。详细介绍可参考 https://www.aoml.noaa.gov/hrd/about_hrd/HRD-P3_sfmr.html。

SFMR 热带气旋产品的时间跨度为 1998—2022 年，空间覆盖范围为东太平洋和大西洋，时间分辨率为 1 s，空间分辨率为 120 m。产品数据格式为 NetCDF，下载网址为 https://www.aoml.noaa.gov/ftp/hrd/data/sfmr。

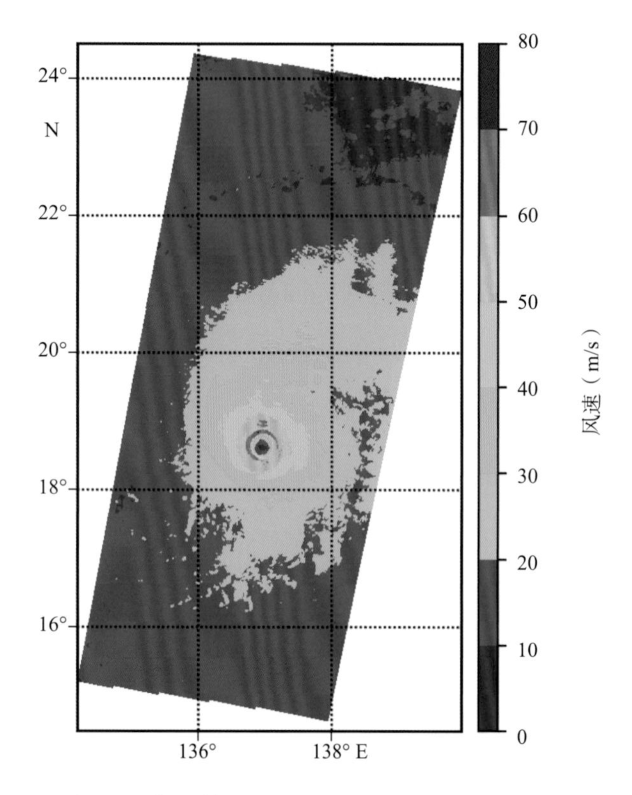

图 3-3　由 2021 年 9 月 25 日 20：48：16 UTC Sentinel-1A SAR 数据反演的飓风 Mindulle 风速

3.1.5.3　RSS 平台产品

RSS 平台提供了多种传感器在热带气旋期间观测的海面风场产品，包括 SMAP、WindSat、AMSR-E 和 AMSR-2 等。其中，SMAP 观测受降雨影响相对较小，风速反演采用经验算法和极大似然估计方法（Meissner et al., 2017），最高风速可达 65 m/s，时间跨度为 2017 年至今，空间分辨率为 25 km × 25 km。WindSat 海面风矢量反演采用统计回归算法（Meissner and Wentz, 2009），时间跨度为 2003—2020 年，除风速和风向外，还提供 SST 和降雨率信息。AMSR-E 和 AMSR-2 在 C 波段和 X 波段进行测量，用于降雨校正，采用辐射传输模型反演海面风速（Meissner and Wentz, 2012; Meissner et al., 2016），同时包含 SST、降雨率等信息；AMSR-E 产品的时间跨度为 2002—2012 年，AMSR-2 产品的时间跨度为 2012 年至今，空间分辨率均为 25 km × 25 km。

需要指出的是，WindSat、AMSR-E 和 AMSR-2 热带气旋风场产品仅在温暖水域（SST > 20℃）和风速大于 10 m/s 时有效。

上述热带气旋产品的数据格式均为 NetCDF，可通过 RSS 平台下载，网址为 https://www.remss.com/tropical-cyclones/tc-winds/，提供 HTTP 和 FTP 两种下载方式，FTP 需要注册账号。

3.2　大气温湿廓线

大气温湿廓线是指在某一地点，大气温度和湿度随高度的变化曲线，包括温度廓线和湿度廓线。温湿廓线反映了大气垂直方向上的温度和湿度变化情况，是气象学、气候学等领域重要的基础数据，对于研究大气稳定度、对流层结构、云雾降水形成机制以及天气预报和环境评估等具有重要的意义。

用于大气温湿廓线观测的卫星传感器主要有 3 类：一类是红外传感器，如 FY-4A 卫星上的高光谱红外干涉式大气探测仪（GIIRS）、Terra/Aqua AIRS 等，可提供高空间分辨率数据，但观测受云层遮挡影响较大；另一类是 GPS 掩星探测仪，如 FY-3C 卫星上的 GNOS 和 MetOp-A 卫星上的全球定位系统大气探测接收仪（GRAS）等，具有高精度、高垂直分辨率、长期稳定性和不受天气现象影响的特点（Kursinski et al., 1997）；第三类是微波传感器，如 HY-2B 微波辐射计、HY-3C 微波温湿度计（MWTHS），其优点在于对云层穿透能力强，缺点是分辨率相对较低。下面介绍 4 种常见的大气温湿廓线卫星遥感产品。

3.2.1　FY-3C/3D GNOS 产品

FY-3C/3D GNOS 沿轨产品利用 FY-3C/3D 卫星上的 GNOS 掩星数据反演得到大气折射率廓线，以折射率廓线作为一维变分算法的输入数据，进一步计算得到大气温度、湿度、压强廓线。在 0 ~ 20 km 高度范围内，该产品大气温度标准偏差约为 2 K，水汽比湿的标准偏差为 0.25 ~ 1.0 g/kg，平均相对偏差约为 20%（廖蜜等，2015）。

FY-3C 全球大气温湿廓线产品的时间跨度为 2014 年 6 月 1 日至 2020 年 2 月 3 日，更新频率为 500 次 / d，垂直分辨率为 150 ~ 300 m。FY-3D 全球大气温湿廓线产品的时间跨度为 2019 年 4 月 30 日至今，更新频率为 500 次 / d，垂直分辨率为 150 ~ 300 m。两套产品的数据格式为 NetCDF，可通过风云卫星遥感数据服务网下载，网址为 https://satellite.nsmc.org.cn/PortalSite/Data/Satellite.aspx。进入网页后，依次选择 FY-3C 或 FY-3D → GNOS →产品，即可找到对应产品。上述产品也可以使用风云卫星数据客户端下载，客户端下载网址为 https://satellite.nsmc.org.cn/PortalSite/StaticContent/FileDownload.aspx?CategoryID=1&LinkID=520¤tculture=zh-CN。与数据服务网不同的是，客户端增加可预约下载功能，可以预约未来 1 个月的指定数据并进行自动下载，在预约生效期间，软件会自动下载数据到指定的目录中，还可以自定义下载优先级，方便下载并管理数据。

3.2.2　FY-3D TSHS 产品

FY-3D TSHS 产品是利用 FY-3D 卫星的微波温度计 – Ⅱ（MWTS-Ⅱ）和微波湿度计 – Ⅱ（MWHS-Ⅱ）的融合数据反演得到的全球沿轨大气温湿廓线 / 稳定度指数 / 位势高度产品，由国家卫星气象中心发布。该产品包括以下数据信息：每条扫描线 90 个像元的地理经纬度、海陆掩码、高程、太阳天顶角 / 方位角、卫星天顶角 / 方位角、天和毫秒计数数据，以及每个 MWTS-Ⅱ视场的 MWTS-Ⅱ亮温、匹配 MWHS-Ⅱ亮温、云量（融合自成像仪）、洋面降水检测（MWHS-Ⅱ）、大气温湿廓线、稳定度指数、位势高度等数据。

FY-3D TSHS 全球产品的时间跨度为 2019 年 4 月 30 日至今，具有 MWTS-Ⅱ原始轨道分辨率（星下点约 33 km），大气温湿廓线垂直方向有 43 层。产品的数据格式是 HDF，可通过风云卫星服务网下载，也可以使用风云卫星数据客户端下载。图 3–4 显示了 2024 年 2 月 18 日 22 : 11 : 16 UTC（17.17°N、107.37°E）处的大气温湿廓线图。

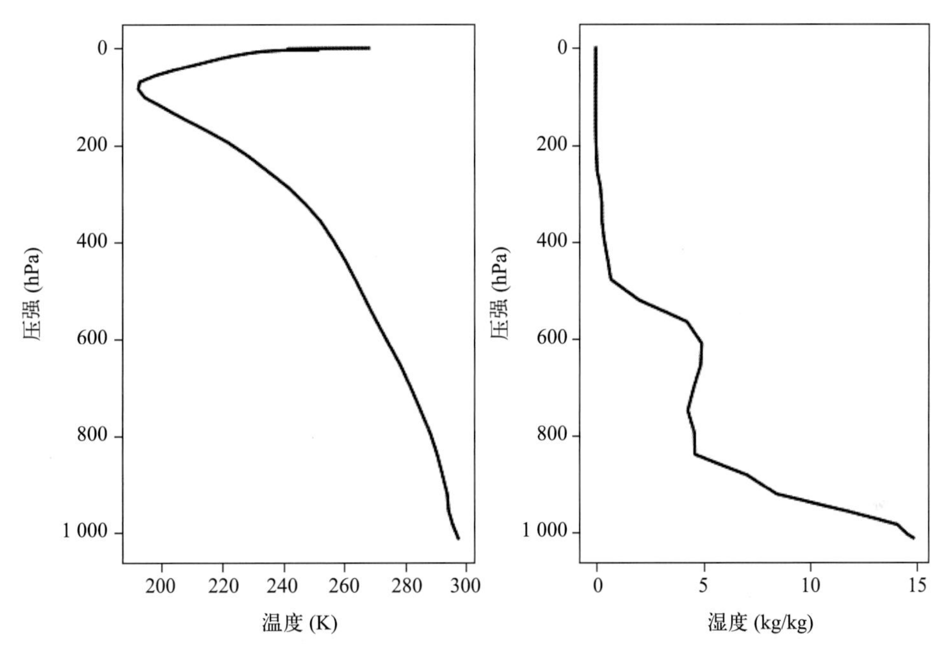

图 3-4　FY-3D TSHS 产品 2024 年 2 月 18 日大气温湿廓线图

3.2.3　FY-4A/4B GIIRS AVP 产品

FY-4A/4B GIIRS AVP（Atmospheric Vertical Detection Products，大气垂直探测产品）是基于 FY-4A/4B 上的 GIIRS 数据，利用 FYGAT-S（Fengyun Geostationary Algorithm Testbed-Sounder）方法反演得到的大气垂直探测产品，由国家卫星气象中心发布。FYGAT-S 方法集成了 4 种大气辐射模型，应用统计回归检索和非线性物理检索算法，得到大气垂直廓线产品（何兴伟等，2020）。

FY-4A GIIRS AVP 全球产品的时间跨度为 2018 年 11 月 27 日至今，时间分辨率为 1 h，空间分辨率为 16 km × 16 km，辐射定标精度为 1.5 K，垂直方向有 101 层，提供了 0 ~ 1 100 hPa 的气压、温度和比湿信息。与探空数据（来自怀俄明大学大气科学系网站）相比，FY-4A 温度产品的平均偏差为 −2.35 ~ 1.35℃，RMSE 为 2.11 ~ 4.73℃；比湿产品平均偏差为 −0.02 ~ 0.35 g/kg，RMSE 为 0.31 ~ 0.51 g/kg（范润龙等，2022）。

FY-4B GIIRS AVP 全球产品的时间跨度为 2023 年 2 月 24 日至今，时间分辨率为 45 min，空间分辨率为 12 km × 12 km，辐射定标精度为 0.7 K，垂直方向有 101 层，提供 0 ~ 1 100 hPa 的气压、温度和比湿信息。该产品包括区域合成与驻留点两种：驻留点数据文件为 GIIRS 一次观测数据，包含 128 个探测器的资料反演数据；区域合成数据文件为一次中国及周边区域内所有观测的数据集合，是数百个驻留数据文件的合成数据。该产品的数据格式均为 NetCDF，可通过风云卫星服务网下载，也可以使用风云卫星数据客户端下载。

3.2.4 GNSS-RO 产品

GNSS-RO 产品由 COSMIC 数据分析与存档中心（COSMIC Data Analysis and Archive Center，CDAAC）提供，生产过程为：基于 MetOp-A/B 卫星等的无线电掩星探测仪（RO）数据，根据大气中电磁波折射与大气温度、湿度和压力之间的关系，利用 GNSS 接收机观测到的 Doppler 频移与接收机本身和 GNSS 卫星的位置、速度信息，反演大气弯曲角，再通过 Abel 积分变换反演大气折射率廓线，最终计算得到低层大气（0 ~ 60 km）的温度、湿度和压力等参数（Kursinski et al., 1997）。反演得到的温度偏差在低对流层区域内以正值为主，偏差均值在地表附近约为 1 K，并随着海拔高度的上升逐渐减小；在上对流层和下平流层区域内，偏差均值随海拔高度的变化较为稳定，介于 −0.1 ~ 0.1 K；在高平流层区域内，偏差均值随海拔高度的上升而逐渐减小，在 35 km 以上高度，各 RO 系统温度偏差均值的绝对值小于 0.5 K（沈震，2023）。

以 MetOp-A/B 大气温湿廓线沿轨产品为例，该产品包含 MetOp-A2016、MetOp-A、MetOp-B2016、MetOp-B 等多个版本，时间跨度分别为 2007 年 1 月至 2016 年 10 月、2016 年 1 月至 2021 年 2 月、2013 年 2 月至 2016 年 12 月、2016 年 1 月至今。产品覆盖全球大部分区域，能够提供约 700 个 / d 的大气参数廓线，包括掩星弯角廓线资料“atmPrf”和湿大气状态廓线资料

“wetPrf ”，前者包含观测弯角、折射率、干大气状态下反演的气压和温度，垂直分辨率为 20 m；后者包含折射率、湿大气状态下反演的气压、温度和水汽压，垂直分辨率为 100 m（王明明等，2022）。上述产品的数据格式均为 NetCDF，下载网址为 https://data.cosmic.ucar.edu/gnss-ro/。

3.3 降水

降水是水循环过程的基本环节，也是水量平衡方程中的基本参数。目前，降水数据的获取手段主要包括雨量站观测、降水雷达反演和卫星遥感观测。通过雨量站获取的降水数据准确，但严重受到站点布设密度的影响，无法有效地反映降水的空间分布（Xie et al., 2020）。地面雷达降水产品的校准和高不确定性使其难以得到广泛应用，并且地面雷达通常用于监测有限时间跨度内的极端事件，观测范围有限（Jing et al., 2016）。卫星遥感观测具有几何性质稳定、覆盖范围广、实时性强和信息量丰富的特点，是降水数据的重要来源。下面介绍 4 种常见的降水遥感产品。

3.3.1 FY-3D MWRI 产品

FY-3D MWRI 全球降水产品是利用 FY-3D 微波成像仪（MWRI-Ⅰ）测量的辐射亮温反演得到的，时间跨度为 2019 年 1 月至今，空间分辨率为 25 km×25 km，分升轨和降轨两种，包含沿轨逐小时产品以及逐日和月平均产品。FY-3D/MWRI 2 级降水产品采用了统计反演方法，基本过程为：根据 L1 级亮温数据，通过质量控制、像元降水筛选判别降雨和非降雨区域，利用 TRMM 卫星上的微波降水雷达（PR）和 TMI 数据，以及 120 个气象站的逐时降水记录，将每个 TMI 通道的亮温和 8 个组合因子作为回归因子进行统计反演；参考国际上成熟的统计公式，形成中国地区的降水反演算法（商洁等，2024）。该产品的数据格式为 HDF，可通过风云卫星遥感数据服务网下载，网址为 https://satellite.nsmc.org.cn/PortalSite/Data/DataView.aspx?currentculture=zh-

CN#，也可使用风云卫星数据客户端下载。

3.3.2 TRMM 产品

基于 3 h 间隔的 TRMM Multi-Satellite Precipitation Analysis 3B42（TMPA3B42），NASA GES DISC 发布制作了 TRMM Precipitation L3 1 day 0.25 degree × 0.25 degree V7（TRMM_3B42_Daily）逐日降水产品。其中，降水是结合 TRMM 卫星的无源微波辐射计、PR 和可见红外扫描仪（VIRS），GOES、Himawari 等地球静止卫星的红外亮温以及地面雨量计观测数据反演得到的（Huffman et al., 2016）。TRMM_3B42_Daily V7 版本使用了最新校正算法对红外辐射计等数据进行校准（Liu et al., 2015），与地面雨量计观测数据相比，该降水产品的相对误差约为 15%（Kant and Ashish, 2022）。

TRMM 产品的时间跨度为 1998 年 1 月至 2019 年 12 月，空间范围为 50°S—50°N，空间分辨率为 0.25° × 0.25°。数据格式为 NetCDF，下载网址为 http://disc.gsfc.nasa.gov/datasets/TRMM_3B42_Daily_7/summary。网站右侧的 Data Access 模块提供 3 种数据下载方式，既可以直接通过数据存档网页下载，也可以通过 Earthdata Search 或者 OPENDAP 来批量下载数据。图 3-5 显示了基于 TRMM_3B42_Daily V7 产品绘制的 2019 年 1 月 1 日降水分布。

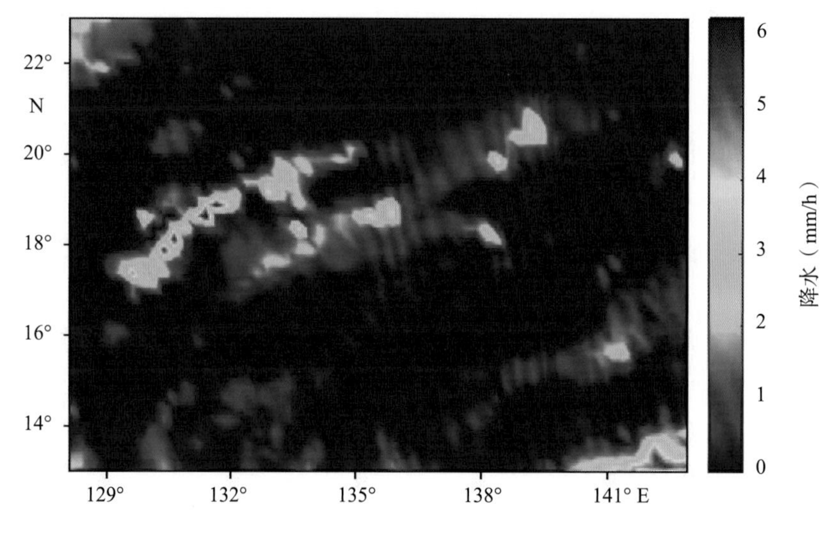

图 3-5　TRMM_3B42_Daily V7 产品 2019 年 1 月 1 日降水分布

3.3.3　PERSIANN-CDR 产品

PERSIANN-CDR（Precipitation Estimation from Remotely Sensed Information using Artificial Neural Networks-Climate Data Record）是利用人工神经网络（ANN）算法，基于多卫星观测制作的气候态降雨产品。该产品使用 GridSat-B1 卫星的红外数据，并采用 PERSIANN 算法对降水进行估算。PERSIANN 算法主要使用地球静止卫星红外图像作为 ANN 模型的输入，基于 NCEP 的Ⅳ阶段逐时降水数据来训练模型。

PERSIANN-CDR 产品的时间跨度为 1983 年 1 月至今，时间分辨率为 3 h，空间覆盖范围为 60°S—60°N，空间分辨率为 0.25° × 0.25°。研究表明，PERSIANN-CDR 产品对小雨事件表现为明显的高估；对中雨事件在春秋两季表现均较好；对大雨事件，夏季的表现优于其他季节；当降雨量达到暴雨以上级别时，该产品的可靠性较低（于航等，2022）。

PERSIANN-CDR 产品的数据格式是 NetCDF，下载网址为 https://www.ncei.noaa.gov/products/climate-data-records/precipitation-persiann。网站下侧的 Data Access 模块提供了多种数据下载方式，既可以直接通过数据存档网页直接下载，也可以通过 ERDDAP 平台（https://www.ncei.noaa.gov/erddap/search/index.html?page=1&itemsPerPage=1000&searchFor=PERSIANN）自定义时间和经纬度范围来批量下载数据。

3.3.4　GPM 产品

全球降水测量计划（Global Precipitation Measurement，GPM）任务利用多卫星、多传感器、多算法反演得到高精度的降水数据。该计划集成多卫星反演算法（Integrated Multi-satellite Retrievals for GPM，IMERG），结合无源微波器的数据生成降水产品。该产品包括 3 类产品：早期（Early）产品，同时被用于初始降水估计，发布时间为观测后 4 h；后期（Later）产品，发布时间为观测后 12 h；终期（Final）产品，发布时间为观测后约 2.5 个月。

以 Early 产品为例，GPM_3IMERGDE（GPM IMERG Early Precipitation L3 1 day 0.1 degree × 0.1 degree V06）全球产品的时间跨度为 2000 年 6 月至今，最高时间分辨率为 3 h，空间分辨率为 0.1° × 0.1°，与地面雨量计观测数据之间的相对误差约为 9%（Kant and Ashish, 2022）。该产品的数据格式是 NetCDF，下载网址为 https://disc.gsfc.nasa.gov/datasets/GPM_3IMERGDE_06/summary?keywords=Precipitation。网站右侧的 Data Access 模块提供了 3 种数据下载方式，既可以直接通过数据存档网页下载，也可以通过 NASA 的 Earthdata Search（https://www.earthdata.nasa.gov）或者 Giovanni 平台（https://giovanni.gsfc.nasa.gov/giovanni/）来批量下载数据。

3.4 大气水汽含量

大气水汽含量（Precipitable Water Vapor，PWV，又称"大气可降水量"）是指从地面到大气顶部的垂直柱状单位面积内的水汽总量，是影响全球气候变化、水循环和极端天气事件的关键因子（Perez-Ramirez et al., 2019），其时空分布和变化对于研究大气水汽输送、水循环、海－气相互作用、气候变化以及数值模拟和降水预报等都具有重要意义（Guan et al., 2019; Wang et al., 2019）。

用于 PWV 观测的卫星传感器主要有两类：一类是红外传感器，该类传感器可以提供高空间分辨率数据，但观测受云层影响较大（Shi et al., 2018）；另一类是微波传感器，微波在大气中受水汽影响较小，可以穿透云层进行水汽含量的观测，但空间分辨率相对较低（Wu et al., 2023）。下面介绍 3 种常见的 PWV 卫星遥感产品。

3.4.1 HY-2B 产品

HY-2B SMR L2C 产品中的 PWV 是利用 HY-2B SMR 接收的海面及路径

上的辐射亮温，通过多元线性回归方法反演得到的。该产品由国家卫星海洋应用中心制作，时间跨度为 2018 年 10 月至今，空间范围为全球，沿轨空间分辨率为 25 km。研究表明，HY-2B PWV 与 NCEP 的 PWV 再分析产品之间的 RMSE 为 1.1 mm，产品精度优于 HY-2B SMR 精度指标 3.5 mm（Yu et al., 2021）。该产品的数据格式为 HDF，可从中国海洋卫星数据服务系统下载，网址为 https://osdds.nsoas.org.cn/home。图 3-6 显示了 2021 年 1 月 1 日 PWV 沿轨分布。

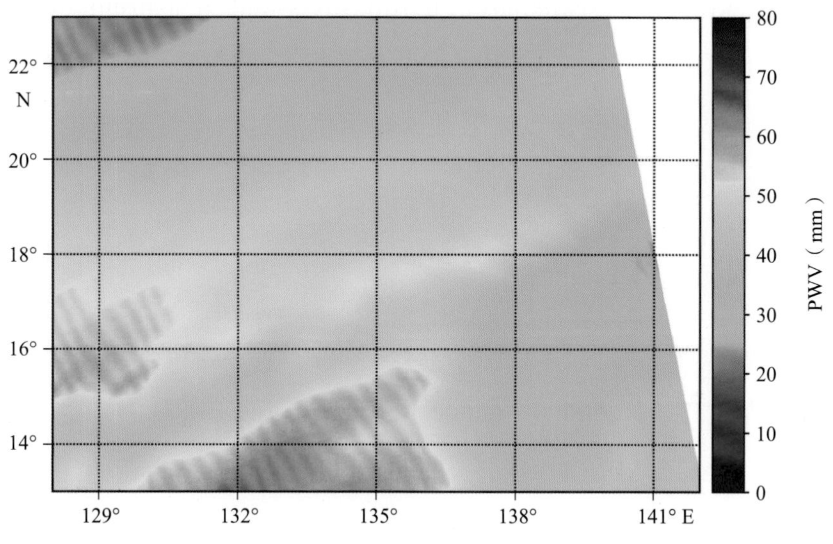

图 3-6　HY-2B SMR L2C 产品 2021 年 1 月 1 日 PWV 沿轨分布

3.4.2　MODIS 产品

MODIS PWV L2 级产品基于 Terra 和 Aqua 卫星上的 MODIS 近红外和红外通道反射率数据反演得到（Liu et al., 2015），包括两套产品，分别是 MODIS/Terra Total Precipitable Water Vapor 5-Min L2 Swath 1 km and 5 km（MOD05_L2）和 MODIS/Aqua Total Precipitable Water Vapor 5-Min L2 Swath 1 km and 5 km（MYD05_L2）。近红外算法基于水汽对近红外太阳辐射的衰减，利用水汽吸收通道（17，18，19）和大气窗通道（2，5）的观测亮温计算比辐射率，并进一步计算得到水汽透过率，再根据理论辐射传输计算和查表法反演

水汽含量，由此可以给出白天水平分辨率为 1 km 的水汽含量数据。红外算法基于水汽廓线对红外辐射的吸收，利用温度和湿度加权函数计算水汽含量，由此可以给出白天和黑夜水平分辨率为 5 km 的水汽含量数据。

MOD05_L2 和 MYD05_L2 全球沿轨 PWV 产品的时间跨度分别为 2000 年 2 月至今。与机载可见光与红外成像光谱仪相比，PWV 相对误差为 5% ~ 10%（Gao et al., 2015）。两套产品的数据格式为 HDF，下载网址为 https://ladsweb.modaps.eosdis.nasa.gov/missions-and-measurements/products/MOD05_L2 和 https://ladsweb.modaps.eosdis.nasa.gov/missions-and-measurements/products/MYD05_L2。网站下方的 Links 提供了两种数据下载方式，既可以直接通过数据存档（Data Archive）链接点击下载，也可以通过数据搜索链接自定义时间和经纬度范围来批量下载数据。

3.4.3 AIRX3STD 产品

基于 Aqua 卫星上的大气红外探测仪（AIRS）、高级微波探测单元（AMSU）和巴西湿度探测器（Humidity Sounder for Brazil，HSB）观测数据，Chang 等（2017）制作了 Aqua/AIRS L3 Daily Standard Physical Retrieval（AIRS+AMSU）1 degree× 1degree V7.0（AIRX3STD）产品。根据使用仪器的不同，该产品有 3 种不同的处理组合或变体：AIRS-Only、AIRS+AMSU 和 AIRS+AMSU+HSB。AIRS-Only 产品仅使用 AIRS 观测数据，受云层影响，空间覆盖率较低，但在整个任务期间（2002 年 8 月至今）具有较好的连续性。AIRS+AMSU 产品使用 AIRS 和 AMSU 的观测数据，精度和覆盖率较高，但由于 AMSU-A2 于 2016 年 9 月发生了电源故障，因此时间跨度有限（2002 年 8 月至 2016 年 9 月）。AIRS+AMSU+HSB 产品使用 AIRS、AMSU-A 和 HSB 的观测数据，水汽参数质量最好，但由于 HSB 在 2003 年 2 月失效，该产品仅覆盖几个月（2002 年 8 月至 2003 年 2 月）。

以 AIRS+AMSU 产品为例，该产品包含每日标准反演均值、标准差和输入计数，数据精度约为 5%（Pagano et al., 2010）。每个文件涵盖 24 h 的时间段，分为降轨（卫星轨道在当地时间凌晨 1：30 由北向南穿过赤道）和升轨（卫星轨道在当地时间下午 1：30 由南向北穿过赤道）。L3 级逐日产品的空间覆盖范围为全球，空间分辨率为 1°×1°。

AIRX3STD 产品的数据格式是 HDF，下载网址为 https://disc.gsfc.nasa.gov/datasets/AIRX3STD_7.0/summary，网站右侧的 Data Access 模块提供了 3 种数据下载方式，既可以直接通过数据存档网页（https://acdisc.gesdisc.eosdis.nasa.gov/data/Aqua_AIRS_Level3/AIRX3STD.7.0/）下载，也可以通过 Earthdata Search 或者 OPENDAP 来批量下载数据。

3.5 云液水含量

云液水含量（Cloud Liquid Water，CLW）是指单位体积的云中所含的液态水的质量（Karstens et al., 1994），是描述云的微物理特性的重要参数，反映了云的形成、发展和消散过程，影响云的辐射特性和降水效率。微波辐射计可以利用微波对云雨的穿透能力对 CLW 进行探测，提供全球范围的 CLW 信息（Weng and Grody, 1994）。CLW 遥感数据对于研究云的动力学和热力学过程、评估云的辐射强迫、改进气候模式等均具有重要作用（Liu and Curry, 1993）。下面介绍两种常见的 CLW 卫星遥感产品。

3.5.1 FY-3D 产品

FY-3D MWR-Ⅰ CLW 产品由国家卫星气象中心发布，非降水云的 CLW 是利用 FY-3D MWR-Ⅰ 的云水敏感通道 7（36.5 GHz）和水汽吸收通道 5（23.8 GHz）的亮温进行多元线性回归建模反演得到的，降水云的 CLW 则通过建立微波亮温和平均降水率的经验关系反演得到。与同类遥感产品和再分析产品对比，FY-3D MWR-Ⅰ CLW 产品的 RMSE 为 0.025 kg/m^2，相对误差为 22.8%

（Yang et al., 2019）。

FY-3D MWR-Ⅰ CLW 全球产品的时间跨度为 2017 年 11 月至今，沿轨分辨率为 25 km。该产品的数据格式是 HDF，可通过风云卫星遥感数据服务网下载，也可使用风云卫星数据客户端下载。图 3-7 显示了 2023 年 1 月 1 日 CLW 沿轨分布。

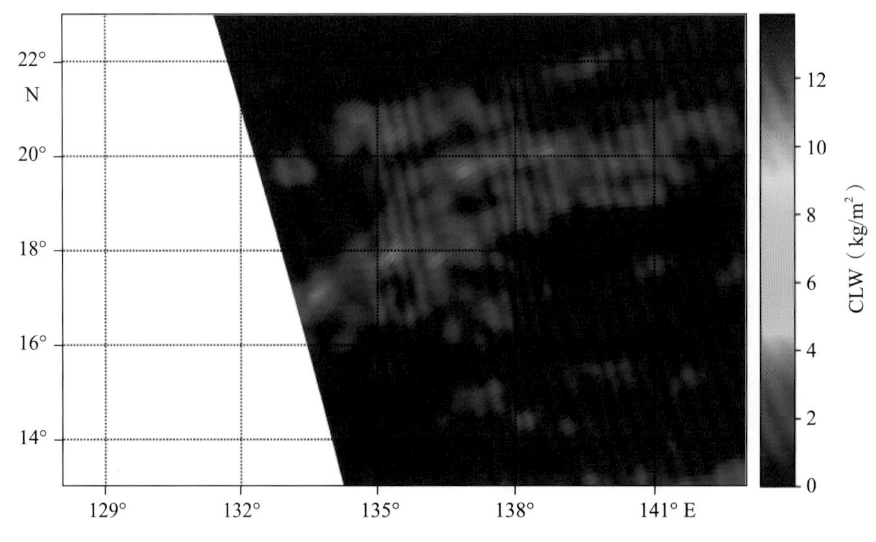

图 3-7　FY-3D 产品 2023 年 1 月 1 日 CLW 沿轨分布

3.5.2　AMSR-2 产品

AMSR-2 L2.CLW 产品由 JAXA 发布，利用全球变化观测任务第一颗水循环卫星 GCOM-W1 上的 AMSR-2 L1B 或 L1R 亮温数据，通过多元线性回归方法得到 CLW 与不同波段辐射亮温的拟合方程，从而计算得到大气中垂直累积的 CLW（Singh et al., 2018）。该产品与基于 MODIS 双光谱太阳反射率计算得到的 CLW 在晴空区域的标准差为 0.038 kg/m^2，偏差为 0.015 kg/m^2（Kachi et al., 2015）。

AMSR-2 L2.CLW 全球沿轨产品的时间跨度为 2012 年 7 月至今，空间分辨率为 15 km。该产品有 3 种下载方式：①通过 JAXA 的提供的 FTP 链接（ftp://ftp.gportal.jaxa.jp）批量下载，数据格式是 HDF；②通过 RSS

的网站（https://remss.com/missions/amsr/）下载，数据格式为二进制文件，相关文件读取代码和验证文件可在数据仓库的 support 目录中找到；③通过 NOAA 的综合大型阵列数据管理系统（Comprehensive Large Array Data Stewardship System，CLASS）网站（www.aev.class.noaa.gov/saa/products/search?sub_id=0&datatype_family=AMSR2_L2）自定义信息点击下载，数据格式是 NetCDF。

3.6　气溶胶

大气气溶胶是指悬浮在大气中的固体颗粒物和液滴的混合物，大小从几纳米到几十微米不等。气溶胶通过直接和间接的方式影响地球的能量平衡，在地球气候系统中发挥着至关重要的作用（Li et al., 2022）。大气气溶胶遥感数据集主要包含两个指数，分别是大气气溶胶光学厚度（Aerosol Optical Depth，AOD）和 Angstrom 指数，可用于大气污染监测、辐射强迫和气候变化研究等。其中，AOD 描述气溶胶对入射电磁辐射散射和吸收贡献的总和，通常可衡量大气中气溶胶的含量；Angstrom 指数是各波长气溶胶光学厚度的比值，可用来描述气溶胶颗粒的大小。下面介绍几种常见的气溶胶卫星遥感产品。

3.6.1　FY-3A/3C ASO 产品

国家卫星气象中心基于 FY-3A 卫星上的中分辨率光谱成像仪（MERSI）数据和 FY-3A/3C VIRR 近红外通道数据，分别反演制作了 FY-3A Medium Resolution Spectral Imager aerosols over ocean（MERSI ASO）、FY-3A/3C Visible and Infra-Red Radiometer aerosols over ocean（VIRR ASO）全球海上气溶胶产品，包括晴空、无明显耀斑影响的水体上空的多通道 AOD 和 Angstrom 指数。

FY-3A MERSI ASO 产品的时间跨度为 2009 年 9 月 21 日至 2014 年 9 月

21 日，逐日产品空间分辨率约为 1 km × 1 km，全球 10° × 10° 分幅保存；旬和月平均产品的空间分辨率约为 5 km × 5 km，全球不分幅保存。图 3-8 显示了 2012 年 1 月海上气溶胶光学厚度和 Angstrom 指数分布。

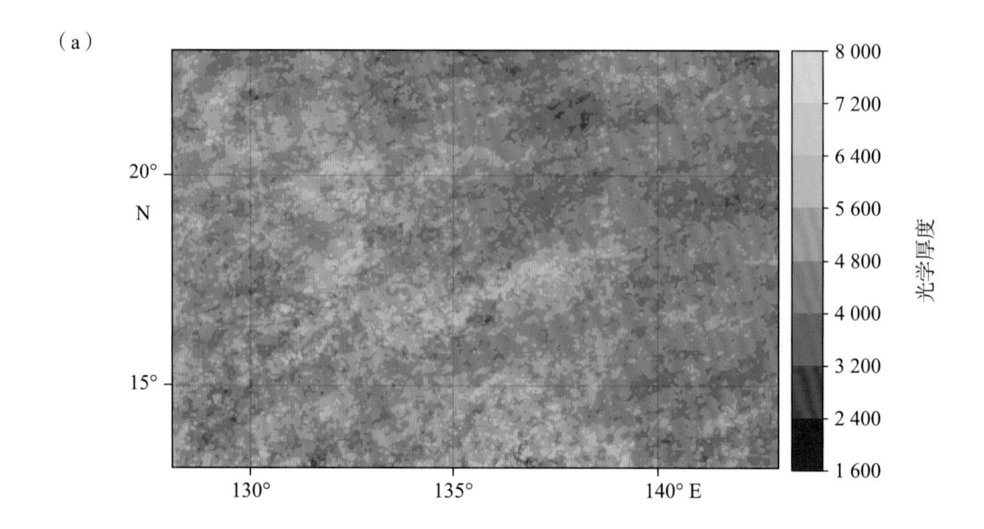

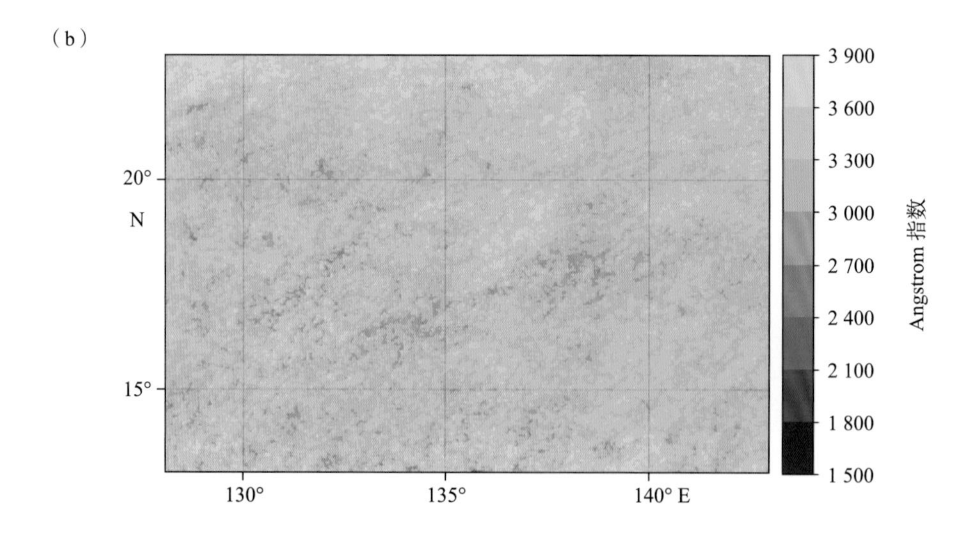

图 3-8　MERSI ASO 产品 2012 年 1 月 412 nm 气溶胶光学厚度（无量纲）(a) 和 Angstrom 指数（无量纲）(b) 分布

FY-3A/3C VIRR ASO 包括沿轨产品以及逐日、旬、月平均产品。其中，FY-3A VIRR ASO 的时间跨度为 2009 年 6 月 9 日至 2014 年 9 月 30 日，逐日产品空间分辨率约为 1 km × 1 km，旬和月平均产品的空间分辨率约为 5 km × 5 km。FY-3C VIRR ASO 的时间跨度为 2014 年 5 月 23 日至 2020 年 2 月 3 日，沿轨产品空间分辨率约为 1 km × 1 km，逐日、旬和月平均产品的空间分辨率约为 5 km × 5 km。

上述产品的数据格式均为 HDF，可从风云卫星服务网系统下载，也可使用风云卫星数据客户端下载。

3.6.2　FY-4B 产品

基于 FY-4B 卫星 VIRR 多通道数据，国家卫星气象中心制作发布了 FY-4B Advanced Geostationary Radiation Imager L2 Ocean Aerosol（FY-4B AGRI L2 OCA）全球海洋气溶胶产品，包括 AOD、Angstrom 指数和悬浮颗粒物柱质量浓度产品（司一丹，2023）。产品的时间跨度为 2023 年 7 月 17 日至今，时间分辨率为 15 min，空间分辨率约为 4 km × 4 km。数据格式为 NetCDF，可从风云卫星服务网系统下载，也可使用风云卫星数据客户端下载。

3.6.3　Deep Blue 产品

基于 SNPP 和 JPSS 系列卫星上的 VIIRS 观测数据，NASA 制作发布了 Deep Blue 气溶胶产品，包括 L2 级沿轨产品以及 L3 级逐日和月平均产品。其中，550 nm 的 AOD 由 VIIRS 蓝光通道数据反演得到，借鉴了 SeaWiFS 和 MODIS 的 AOD 反演算法。在预期误差范围内，该产品与地面 AOD 测量值之间的匹配度为 80.32%，RMSE 为 0.19（He et al., 2021）。

以月平均产品 AERDB_M3_VIIRS_NOAA20 为例，其时间跨度为 2018 年 3 月 1 日至今，空间分辨率为 1° × 1°，数据格式是 netCDF，下载网址为 https://ladsweb.modaps.eosdis.nasa.gov/missions-and-measurements/products/AERDB_M3_VIIRS_NOAA20#overview。网站下方的 Links 提供了两种数据下载方式，既可以直接通过数据存档（Data Archive）链接点击下载，也可以通过数据搜索链接自定义时间和经纬度范围来批量下载数据。

第4章
海洋生态要素遥感数据

海洋生态环境是海洋生物生存和发展的基本条件，生态环境的任何改变都有可能导致生态系统和生物资源的变化。卫星遥感能够探测的海洋生态要素主要包括海表叶绿素浓度、悬浮泥沙浓度/总悬浮物浓度、海水 CO_2 分压等，由此可以计算海－气 CO_2 通量和海洋初级生产力等。本章主要介绍海表叶绿素 a 浓度、总悬浮物浓度、海水表层 CO_2 分压、海－气 CO_2 通量和海洋净初级生产力等生态要素遥感产品及其特点。

4.1 海表叶绿素a浓度产品

叶绿素 a（Chlorophyll-a，Chl-a）是海洋浮游植物细胞中的主要色素，同时也是衡量浮游植物数量的主要指标之一（毛志华和潘德炉，2002）。海表叶绿素 a 浓度较高的区域通常拥有相对较多的浮游植物，海洋渔业资源也相对较丰富；浮游植物的数量同时也是评估水体富营养化程度的重要指标。因此，海表叶绿素 a 浓度的观测对于理解浮游植物在海洋生物地球化学循环中的作用至关重要（Werdell et al., 2018；Tilstone et al., 2021）。

卫星遥感凭借其大范围和长时序动态监测的优势，有效地弥补了船只走航或浮标观测数据较为稀疏的问题，已成为获取海表叶绿素 a 浓度的重要方式之一。海岸带水色扫描仪（CZCS）、海洋宽视场水色扫描仪（SeaWiFS）、中等分辨率成像光谱仪（MODIS）、中分辨率成像光谱仪（MERIS）、中国海洋水色水温扫描仪（COCTS）等具有可见和近红外波段的传感器均可用于海表叶绿素 a 浓度的遥感观测。通过建立不同通道离水辐射或遥感反射率与叶绿素 a 浓度之间的关系，可以反演得到叶绿素 a 浓度（Ye et al., 2020）。下面分别介绍基于单一水色卫星传感器的叶绿素 a 浓度遥感产品以及融合多源卫星传感器观测的叶绿素 a 浓度产品。

4.1.1 单一传感器产品

4.1.1.1 HY-1C/D COCTS 产品

国家卫星海洋应用中心提供基于 HY-1C/D COCTS 的 L2 级和 L3 级全球海表叶绿素 a 浓度产品。其中，L2B 为沿轨产品，空间分辨率为 1.1 km × 1.1 km，时间跨度为 2018 年 9 月至今；L3A 为逐日网格化产品；L3B 包含 8 d 平均、月平均、季平均、年平均等数据，空间分辨率为 4 km × 4 km 和 9 km × 9 km，时间跨度为 2019 年至今。COCTS 海表叶绿素 a 浓度产品与 Aqua MODIS 数据之间的平均相对误差为 51.2%，相关系数为 0.85（史鑫皓等，2023）。数据格式为 hdf5，可从中国海洋卫星数据服务系统下载，网址为 https://osdds.nsoas.org.cn/DataRetrieval。

4.1.1.2　其他单一传感器产品

CZCS、SeaWiFS、MODIS、VIIRS 等美国水色卫星传感器、MERIS、OLCI 等欧洲水色卫星传感器以及韩国地球静止卫星上的 GOCI 等均提供对应的全球海表叶绿素 a 浓度产品，官方产品反演算法包括 OC4、OC4E、OC3（O'Reilly et al., 1998；O'Reilly and Werdell, 2019）、OC3M、水色指数（CI）（Hu et al., 2019）算法等。表 4-1 列出了部分叶绿素 a 浓度产品的时间跨度、时空分辨率与反演算法，表 4-2 列出了叶绿素 a 浓度产品与 Seabass 和 Aerosol Robotic Network-Ocean Color（AERONET-OC）现场观测资料的平均误差和平均绝对误差。

表 4-1　不同水色卫星传感器海表叶绿素 a 浓度产品信息

卫星传感器	时间跨度	时间分辨率	空间分辨率	反演算法
SeaWiFS	1997-09至2010-12	1 d	1 100 m	OC4，CI
MODIS/Terra	2000-02至今	1 d	1 000 m	OC3M，CI
MODIS/Aqua	2002-07至今	1 d	1 000 m	OC3M，CI
VIIRS/SNPP	2012-09至今	1 d	750 m	OC3，CI
VIIRS/NOAA20	2017-11至今	1 d	750 m	OC3，CI
VIIRS/NOAA21	2022-11至今	1 d	750 m	OC3，CI
MERIS	2002-04至2012-04	3 d	300 m	OCE，CI
OLCI-A/B	2016-04至今	2 d	300 m	OC4，CI
GOCI	2010-06至今	1 h	500 m	OC4，CI

表 4-2　不同水色卫星传感器海表叶绿素 a 浓度与 Seabass 和 AERONET-OC 实测数据的对比结果

卫星传感器	匹配数量	平均误差 (mg/m^3)	平均绝对误差 (mg/m^3)
SeaWiFS	2 270	1.07	1.66
MODIS/Terra	2 267	1.08	1.72
MODIS/Aqua	1 347	1.17	1.69
MERIS	717	0.013	0.017
VIIRS SNPP	322	1.24	1.59

注：平均误差和平均绝对误差均为对叶绿素a浓度进行$\log_{10}$变换后计算得到的结果（NASA，https://oceancolor.gsfc.nasa.gov/data/reprocessing/r2022/）。

以上叶绿素 a 浓度产品的数据格式均为 NetCDF，可从 NASA 官方网站根据需要选择相应级别产品下载，网址为 https://oceancolor.gsfc.nasa.gov/about/；也可从 GlobColour 网站（https://hermes.acri.fr/index.php?class=archive）或各传感器官方网站下载（如 https://modis.gsfc.nasa.gov/data/dataprod/chlor_a.php）。

4.1.2　多源卫星融合产品

4.1.2.1　GlobColour 产品

全球水色（GlobColour）项目始于 2005 年，该项目融合多种传感器的海表叶绿素 a 浓度数据以确保数据的连续性，同时提高数据的时空覆盖率，并降低数据噪声。GlobColour 产品包含单传感器叶绿素 a 浓度产品和多传感器融合产品，融合产品所用的各传感器数据信息如表 4-3 所示。

表 4-3　GlobColour 海表叶绿素 a 浓度融合产品使用的卫星数据信息（ACRI-ST GlobColour Team, 2020）

卫星传感器	空间分辨率	开始日期	结束日期	版本
SeaWiFS	GAC 4 km	1997-09-04	2010-12-11	NASA R2018.0
MERIS	RR 1 km	2002-04-28	2012-04-08	ESA 3rd reprocessing

续表

卫星传感器	空间分辨率	开始日期	结束日期	版本
MODIS/Aqua	1 km	2002–07–03	至今	NASA R2018.1
VIIRS/NPP	1 km	2012–01–02	至今	NASA R2018.0
OLCI-A	RR 1 km	2016–04–25	至今	ESA PB 2.16 to 2.55
VIIRS/JPSS-1	1 km	2017–11–29	至今	NASA R2018.0
OLCI-B	RR 1 km	2019–03–25	至今	ESA PB 1.14 to 1.27

注：GAC: Global Area Coverage，全球覆盖；RR: Reduced Resolution，降分辨率。

GlobColour 海表叶绿素 a 浓度产品是通过简单平均（AV）、加权平均（AVW）或利用 GSM（Garver-Siegel-Maritorena）模型（Maritorena et al., 2002）融合不同卫星传感器的叶绿素 a 浓度数据生成的，根据融合方法和数据源的不同提供了多种叶绿素 a 浓度融合产品，具体信息见表 4–4。各产品适用于不同的水体类型，其中 Chl_1 适用于一类水体（O'Reilly et al., 2000），不适用于光学特性复杂的沿岸海域；Chl-OC5 和 Chl_2 适用于二类水体，即无机颗粒物高于浮游植物浓度的水域（通常为沿海水域）（Gohin et al., 2002；Doerffer and Schiller, 2007）。

表 4–4　GlobColour 海表叶绿素 a 浓度产品融合方法与数据源（ACRI–ST GlobColour Team，2020）

产品参数	反演算法	融合方法	卫星传感器						
			SeaWiFS	MERIS	MODIS/Aqua	VIIRS/NPP	VIIRS/JPSS–1	OLCI–A	OLCI–B
Chl_1	OC_X	AVW&GSM	√	√	√	√	√	√	√
Chl-OC5	OC5	AVW	√	√	√	√	√	√	√
Chl_2	神经网络	AV	/	√	/	/	/	√	√

产品质量方面，与波斯湾北部实测数据相比，对叶绿素 a 浓度取 $\log_{10}$ 变换后，Chl_2 数据的均方根误差（RMSE）为 0.53 mg/m^3，平均偏差为 0.43 mg/m^3（Moradi，2021）；与黄海、东海、南海实测数据相比，利用加权平均方法融合生成的 Chl_1 产品的 RMSE 为 1.137 mg/m^3，相关系数为 0.74（童如清等，2023）。

GlobColour 海表叶绿素 a 浓度产品的时间跨度为 1997 年 9 月至今，时间分辨率包括日平均、8 d 平均和月平均 3 种类型，空间投影采用正弦曲线投影（Integerised SINusoidal projection，ISIN）和简易圆柱投影（Plate-Carree projection，PC）两种方式，不同投影下的空间分辨率如表 4-5 所示。该产品的数据格式为 NetCDF，可以从 Globcolour 网站下载，网址为 https://hermes.acri.fr/index.php?class=archive。

表 4-5　GlobColour 叶绿素 a 浓度产品时空分辨率（ACRI-ST GlobColour Team，2020）

区域	投影	时间分辨率	空间分辨率
全球	ISIN	日平均，8 d平均，月平均	1/24°
欧洲	ISIN	日平均，8 d平均，月平均	1/96°
全球	PC	日平均，8 d平均，月平均	1/24°，0.25°，1.0°
欧洲	PC	日平均，8 d平均，月平均	0.01°

4.1.2.2　OC-CCI 产品

欧空局提供海洋水色气候变化倡议（Ocean-Colour Climate Change Initiative，OC-CCI）海表叶绿素 a 浓度产品。产品制作过程为：首先，基于中心波长为 412 nm、443 nm、490 nm、510 nm、560 nm 和 665 nm 的波段，对 MODIS、VIIRS、SeaWiFS、MERIS 和 OLCI 等不同卫星传感器的多波段数据进行大气校正，得到遥感反射率（R_{rs}）；随后，对 5 个传感器的 R_{rs} 进行条带偏移校正和数据融合；最终，基于融合后的 R_{rs} 数据，采用指数算法和波段比值算法来计算海表叶绿素 a 浓度（Gordon and Morel, 1983; O'Reilly et al., 1998; Hu et al., 2012）。产品质量方面，与波斯湾北部实测数据相比，对叶绿素 a 浓度取 $\log_{10}$ 变换后的 RMSE 为 0.49 mg/m³，偏差为 0.38 mg/m³；与 ESA-CCI 现场观测数据相比，RMSE 为 0.32 mg/m³，决定系数为 0.76（Moradi，2021）。

全球 OC-CCI 产品的时间跨度为 1997 年 9 月至今，时间分辨率为日，空间分辨率为 4 km × 4 km，数据格式为 NetCDF，可从 Ocean colour-CCI 网站经由 FTP 下载，网址为 https://climate.esa.int/en/projects/ocean-colour/。图 4-1 显示了基于该数据集绘制的 2019 年 3 月 19 日海表叶绿素 a 浓度分布。

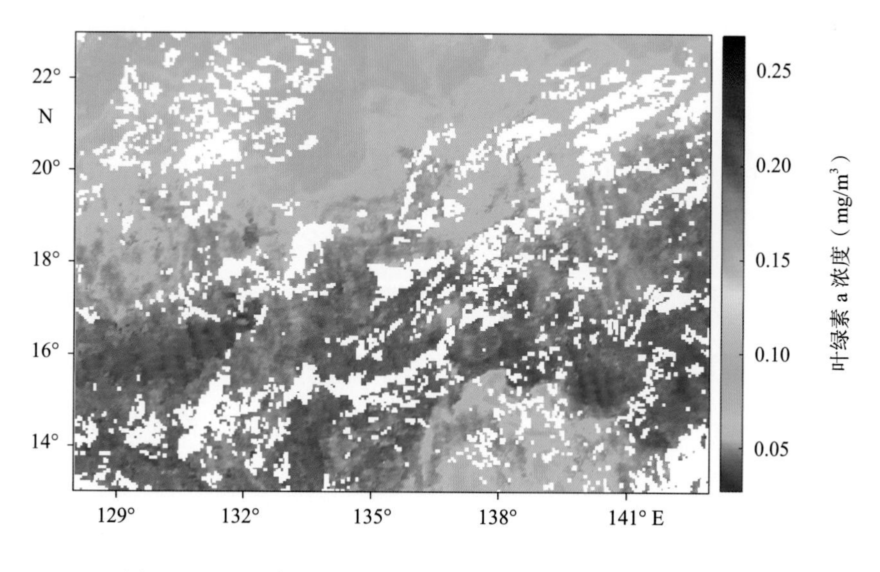

图 4-1　2019 年 3 月 19 日 OC-CCI 海表叶绿素 a 浓度分布

4.2　总悬浮物浓度产品

悬浮物浓度是近海重要水环境参数之一，可定量估计为总悬浮物（Total Suspended Matter，TSM）浓度，通常用单位体积海水中的固体颗粒质量或体积来表示。一方面，TSM 是表示污染程度的重要指标；另一方面，悬浮物减少了进入水体的光能量，影响浮游植物的生长，从而对海洋初级生产力有一定的制约作用（Zhang et al., 2014）。因此，准确获取 TSM 浓度的时空分布及动态变化信息对水环境保护和碳循环研究及应用都至关重要。

用于 TSM 浓度遥感观测的卫星传感器主是可见光和红外传感器。这是因为含有悬浮物的浑浊水体的反射光谱曲线一般整体高于清洁水体，由于悬浮物的散射，在可见光与近红外波段范围内，随着悬浮物浓度的增大，水体的反射率增大，且反射峰位置向长波方向移动（Schmugge et al., 2002）。基于此，通过建立卫星离水辐射率和水体 TSM 浓度之间的关系，可以实现对 TSM 浓度的遥感反演和监测。下面分别介绍我国自然资源部第二海洋研究所（Second Institute of Oceanography，SIO）和南海海洋数据中心制作的 TSM 浓度卫星遥感产品。

4.2.1 大洋与边缘海产品

SIO TSM 产品综合 HY-1B、EOS/MODIS 等多源卫星资料，通过大气校正、单轨产品制作、多轨产品融合等过程生成。其中，大洋和陆架中低浑浊度水体的 TSM 浓度反演采用 Tassan（1994）模型，近岸高浊度水体的 TSM 反演采用 He 等（2013）提出的经验模型，并采用权重方法处理二者的过渡区域。按照不同区域，划分为 3 套产品，分别是东印度洋生态环境遥感产品（SIO_SAT_SENSOR_EIO）、西太平洋生态环境遥感产品（SIO_SAT_SENSOR_WPO）和南海生态环境遥感产品（SIO_SAT_SENSOR_SCS），各产品的时间跨度、时空分辨率等信息列于表 4-6 中。

除 TSM 浓度外，SIO 产品还包含东印度洋、西太平洋和南海的海水透明度遥感数据。所有数据均可从国家地球系统科学数据中心搜索下载，中心网址为 https://www.geodata.cn/，数据格式是 BMP。关于 SIO 产品的详细信息也可参考 $SatCO_2$ 海洋遥感在线分析平台官方网站的介绍，网址为 https://www.satco2.com。

表 4-6　SIO 大洋与边缘海 TSM 产品信息

产品名称	海域	时间跨度	时间分辨率	空间分辨率
SIO_SAT_SENSOR_EIO	东印度洋 10°S—21°N、80°—118°E	2010-05至2015-05	日平均 10 d平均 月平均	1.8 km × 1.8 km
SIO_SAT_SENSOR_WPO	西太平洋 2°S—46°N、121°—160°E			
SIO_SAT_SENSOR_SCS	南海 0°—25°N、98°—127°E			

4.2.2　河口区域产品

国家海洋科学数据中心南海及邻近海区分中心提供一系列基于 Landsat-7/8 卫星观测的高分辨率河口区域 TSM 浓度数据，具体数据可通过其官方网站搜索下载，网址为 http://ocean.geodata.cn。以珠江口 Landsat-7 卫星 TSM 产品为例，该产品时间跨度为 2003 年 10 月 29 日至 2015 年 2 月 12 日，空间分辨率为 30 m × 30 m。TSM 浓度基于 Landsat-7 卫星观测反演获得，具体流程为：首先，利用短波近红外波段外推法进行大气校正处理；随后，通过珠江口航次观测数据建立基于 Landsat 波段的 TSM 反演算法，进一步处理获得 TSM 浓度数据。

4.3　海水表层CO_2分压与海-气CO_2通量产品

海水中的二氧化碳分压（pCO_2）是指在一定温度和盐度条件下，CO_2 在海水中的部分压力。二氧化碳通量（FCO_2）是指单位时间内、单位面积上海洋和大气之间发生的 CO_2 的交换量。海洋是地球上最大的活性碳库，吸收了约 26% 人为排放的 CO_2，在全球碳循环中具有重要作用。高精度与高时空覆盖的 pCO_2 和 FCO_2 卫星遥感数据对准确评估全球大洋与区域海碳源汇格局、变化趋势及增汇潜力评估具有重要的科学意义和实际应用价值（Song et al.,

2023）。

结合基于控制因子分析的 pCO_2 半解析遥感模型 MeSAA 和机器学习模型 XGBoost，SIO 构建了适用于渤海、黄海、东海和南海的机制驱动的 pCO_2 遥感反演算法 MeSAA-ML-ECS 和 MeSAA-ML-SCS（Song et al., 2023; Yu et al., 2023），并基于上述算法制作和发布了中国海域 1 km × 1 km 分辨率月平均海水 pCO_2 和 FCO_2 遥感产品，时间跨度为 2003—2019 年。独立航次观测数据验证结果表明，渤海、黄海、东海和南海的 pCO_2 遥感产品 RMSE 分别为 19.60 μatm 和 11.69 μatm，平均相对误差分别为 4.12% 和 1.59%；与南海 SEATS 时间序列站观测数据相比，RMSE 为 5.27 μatm；与东海 PN 断面多年观测数据相比，RMSE 为 16.39 μatm。

该产品在数据共享平台 Zenodo 开放获取，数据格式为 NetCDF。其中，渤海、黄海、东海数据下载网址为 https://doi.org/10.5281/zenodo.7701112，南海数据下载网址为 https://doi.org/10.5281/zenodo.7743187。产品同时在 $SatCO_2$ 海洋遥感在线分析平台发布共享，网址为 https://www.satco2.com。

4.4 海洋净初级生产力产品

浮游植物是海洋生态系统中最重要的初级生产者，每年生产约 50 Gt 碳的净初级生产力，贡献了整个地球净生产力的近一半。海洋净初级生产力（Marine Net Primary Production，MNPP）的监测不仅是全球碳循环研究的基础内容，对全球气候变化研究、海洋渔业资源开发与可持续利用以及生态文明建设等均具有重要意义。随着卫星遥感技术的快速发展，陆续发展了多种 MNPP 遥感估算模型，基于卫星观测的叶绿素 a 浓度、浮游植物吸收系数等参数计算获取全球 MNPP 信息，为研究海洋碳循环和全球气候变化提供了重要数据来源（Lee et al., 2015；Gregg and Rousseaux, 2019）。本节主要介绍国内外学者基于水色卫星遥感数据制作的 MNPP 及其距平产品。

4.4.1　全球产品

俄勒冈州立大学海洋生产力网站提供了基于 SeaWiFS、MODIS、VIIRS 3 种传感器和 4 种 MNPP 估算模型（VGPM、Eppley-VGPM、CbPM、CAFE）的全球 MNPP 数据集，相关信息列于表 4–7 中。这些产品的数据格式为 HDF，下载网址为 http://www.science.oregonstate.edu/ocean.productivity。该网站同时提供了各 MNPP 估算模型的相关代码（Eppley, 1971；Behrenfeld and Falkowski, 1997；Behrenfeld et al., 2005；Silsbe et al., 2016）。

表 4–7　俄勒冈州立大学全球 MNPP 产品信息

卫星传感器	估算模型	开始日期	结束日期	时间分辨率	空间分辨率
SeaWiFS MNPP	VGPM、Eppley-VGPM、CbPM、CAFE	1997–10	2007–12	8 d平均 月平均	9 km × 9 km 18 km × 18 km
MODIS MNPP	VGPM、Eppley-VGPM、CbPM、CAFE	2002–07	至今	8 d平均 月平均	9 km × 9 km 18 km × 18 km
VIIRS MNPP	VGPM、Eppley-VGPM、CbPM	2012–01	至今	8 d平均 月平均	9 km × 9 km 18 km × 18 km

基于 MODIS 数据反演得到的浮游植物吸收系数、真光层深度、490 nm 漫衰减系数和光合有效辐射产品，陶醉等（2017）利用基于浮游植物吸收的 AbPM 海洋初级生产力模型计算了 2003—2012 年全球月平均 MNPP，并使用 3 个固定站点和 3 条海上走航实测数据对结果进行了验证。结果表明，相比于 VGPM 和 CbPM 模型，利用 AbPM 模型计算得到的 MNPP 总体精度更高。该产品由全球 MNPP 数据和附带数据表组成。其中，月平均 MNPP 产品的空间分辨率为 9 km × 9 km，数据格式为 HDF；3 个附带数据表分别提供了 MODIS 数据文件名及其来源、数据成果文件以及用于结果检验的 3 个固定站点和 3 条海上走航数据时间、地点等信息。产品可在全球变化科学研究数据出版系统开放获取，网址为 https://doi.org/10.3974/geodb.2014.02.03.V1。产品图 4–2 显示了基于该产品绘制的 2011 年 10 月月平均 MNPP 分布。

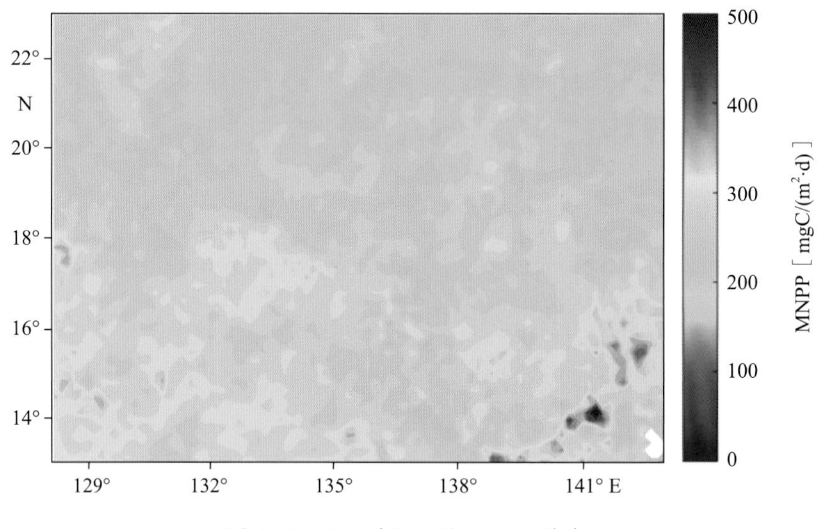

图 4-2　2011 年 10 月 MNPP 分布

4.4.2　距平产品

基于俄勒冈州立大学海洋生产力网站提供的 SeaWiFS 和 MODIS 月平均 MNPP 产品，孙雨琦等（2021）采用地理时空统计分析方法制作了全球海域 1998—2019 年月、季、年平均的 MNPP 标准化距平产品，空间分辨率为 9 km ×9 km，并利用 MNPP 异常变化模式与 ENSO 事件之间的耦合关系对产品的适用性进行了验证。该产品在全球变化科学研究数据出版系统开放获取，数据格式为 HDF4，下载网址为 https://doi.org/10.3974/geodp.2021.02.08。3 种时间尺度的数据集分别命名为 MNPP monthly anomaly datasets（MNPP-MAD）、MNPP seasonal anomaly datasets（MNPP-SAD）、MNPP annual anomaly datasets（MNPP-AAD）。

第5章 典型海洋现象专题遥感数据

天体、大气、地球自转和系统自身的动力强迫使得海洋上层水体运动涵盖十分宽广的三维时空尺度。本章主要介绍海洋中尺度涡旋、海洋内波、海洋锋等典型海洋现象以及海上溢油、海雾等突发海洋环境事件的卫星遥感数据及其特点。

5.1 海洋中尺度涡旋数据集

中尺度涡旋是上层海洋中普遍存在的一种物理现象，其水平直径为 10 ~ 500 km，垂直方向上的影响深度可达上千米，时间尺度为数天至数月（郑全安等，2017）。作为海洋环流系统的一个重要组成部分，中尺度涡旋对海洋中的热量、能量和物质等的输运和再分配起着关键作用，进而对全球海洋的物理过程、海洋生态环境、生物地球化学循环、海－气相互作用及气候变化等都具有不可忽视的影响（Qiu and Chen，2005；陈戈等，2021）。

获取海洋中尺度涡旋信息的主要资料来源包括卫星遥感数据、现场观测数据和涡分辨率的模式模拟和再分析数据。其中，卫星高度计数据在中尺度涡旋研究中应用最为广泛。基于 1993 年至今累积的全球海洋卫星高度计观测，目前已形成多套海洋中尺度涡旋数据集，学者们使用这些数据集开展了涡旋识别、追踪和应用等研究工作（Gaube et al., 2015, 2019; Amores et al., 2018; Chen et al., 2019; Ning et al., 2019）。下面具体介绍 3 套比较有代表性的基于高度计观测的海洋中尺度涡旋数据集。

5.1.1 中尺度涡旋轨迹图集

海洋中尺度涡旋轨迹图集产品（Mesoscale Eddy Trajectory Atlas Product，META）是基于两颗或多颗测高卫星（ERS-1/2、TOPEX/Poseidon、Envisat 和 Jason-1/Jason-2）观测的融合产品，由 AVISO 数据中心提供，包括涡旋位置、有效半径、振幅、轮廓、平均地转流速等信息。

META 数据集的时间分辨率为 1 d，空间分辨率为 0.25°×0.25°，历经 META2.0 DT、META3.0exp DT、META3.1exp DT、META3.2 DT、META3.2exp NRT 等多个版本（Chelton et al., 2011; Schlax and Chelton，2016; Gaube et al., 2019; Mason et al., 2014; Pegliasco et al., 2021; Rocha and Simoes-Sousa，2022）。其中，前 3 个版本已停止更新，META3.2 系列为最新版本，META3.2 DT 和 META3.2exp NRT 的特点见表 5-1。

表 5-1　META 数据集特点

	META3.2 DT		META3.2exp NRT
卫星	所有卫星	两颗卫星	所有卫星
时效性	延时		近实时
时期	1993-01-01至2022-02-09		2018-01-01至今（延迟15 d）
地理覆盖范围	全球		
数据分发形式	每个反气旋涡和气旋涡包含3个文件：长寿命涡旋、短寿命涡旋和未追踪的涡旋		每个反气旋涡和气旋涡各有1个文件
更新	每年3～4次		每天
来源	CMEMS延时版本2021	C3S延时版本DT2021	CMEMS近实时
输入变量	绝对动力高度（ADT）		
涡旋识别与追踪方法	Py涡旋追踪算法		
涡旋信息	涡旋位置、有效半径、振幅、轮廓、平均地转流速等		
一个涡内的极值数	仅1个		
形状误差	70%		
振幅阈值	0.4 cm		
涡旋最短寿命	10 d		

注：AVISO数据中心2024年全球中尺度涡流轨迹产品介绍。

相比于以前的版本，META3.2 系列将涡旋检测与追踪方法从 Chelton 等提出的算法（Chelton et al., 2011；Schlax and Chelton, 2016）改为 Py 算法（Mason et al., 2014），实现了基于绝对动力高度（ADT）数据的涡旋识别与追踪。与 META2.0 相比，META3.2 系列中全球海洋涡旋的数量有所增加，这些增加的涡旋大多为半径小、寿命短的涡旋（Rocha and Simoes-Sousa, 2022），但也有可能会出现小涡旋被“过度探测”的风险（Wei and Wang, 2023）。

META 数据集的下载网址为 https://www.aviso.altimetry.fr/en/data/products/value-added-products/global-mesoscale-eddy-trajectory-product.html，数据格式为 NetCDF。AVISO 网站同时提供了数据读取与分析的相关代码。

5.1.2 全球中尺度涡旋海洋－大气－生物相互作用观测资料数据集

Dong 等（2022a）利用来自 DUACS（Data Unification and Altimeter Combination System）的每日“全卫星”延时数据（包括海平面异常、绝对地转速度和地转速度异常），采用基于海洋流场速度矢量几何自动算法和时空匹配方法对涡旋进行识别和追踪，并耦合一系列海洋和大气变量，如 GlobColour 叶绿素 a 浓度数据、Argo 温盐剖面数据、AMSR-E/AMSR-Ⅱ大气要素数据，以及 NOAA AVHRR 的 SST 数据等，构建了全球海洋中尺度涡旋大气－海洋－生物相互作用观测数据集（Global Ocean Mesoscale Eddy Atmospheric-Oceanic-Biological Interaction Observational Dataset，GOMEAD）。该数据集的空间分辨率为 0.25°×0.25°，时间分辨率为 1 d，现已有 5 个版本，本节以最新的 V5 版本为例展开介绍。

GOMEAD 数据集提供 1993—2012 年 4 个不同区域的海洋涡旋信息，不仅包含涡旋的基本特征，还包含与涡旋相关的海洋、大气和生物要素信息。这 4 个区域分别为：北太平洋（NP：5°—65°N、100°E—100°W）、北大西洋（NA：5°—65°N、100°W—0°）、北印度洋（NI：5°—30°N、45°—100°E）和南半球海洋（SHO：5°—65°S，环全球）。该数据集按年份将 4 个区域的数据打包，以便于下载。同时使用优化的 ID 分配规则，可以根据时间、纬度和经度对涡旋进行排序。

每个区域都有一个对应的子文件夹，每个子文件夹中包括基于拉格朗日方法统计的涡旋轨迹文件和生命周期不短于 4 周的涡旋结构文件。其中，涡旋轨迹文件包含涡旋的轨迹、识别号和时间；结构数据文件包含与每个涡旋轨迹一一对应的匹配数据。例如，涡旋的基本特征（极性、半径、生命周期、中心和边界位置的经纬度以及地转流场异常等）、海洋和气象要素等（SST、海表叶绿素 a 浓度、Argo 温盐剖面、海面风速、降水速率、云液态水含量和水汽含量等)。

GOMEAD 数据集提供了精确的涡旋边界,对涡旋的大小没有限制,更有助于识别大半径涡旋(Wei and Wang,2023)。数据集下载网址为 https://doi.org/10.11922/sciencedb.01190,数据格式为 NetCDF。该数据集同时提供 MATLAB 读取代码以及中尺度涡旋自动探测代码,下载网址为 https://doi.org/10.6084/m9.figshare.19802062.v1。需要注意的是,矢量几何涡旋检测算法具有区域差异,对于开阔海域具有很高的准确性,但在沿海地区和岛屿附近的准确性降低。

与 META2.0 数据集相比,GOMEAD 数据集在确定涡旋是否已经终止的方法上存在差异。具体来说,META2.0 数据集使用的算法认为,如果连续 4 d 没有观察到涡旋,并且超出了初始搜索半径的两倍,则判断涡旋终止。而 GOMEAD 算法则在连续 3 d 未观测到涡旋后停止涡旋识别,最大搜索半径为初始半径的 1.66 倍。在不同海域的评估结果表明,该算法具有较低的过检率和更高的检测成功率,可以准确捕获涡流结构。Wei 和 Wang(2023)对这两套数据集的主要特点进行了对比(表 5-2)。

表 5-2 META2.0 与 GOMEAD 数据集对比

	META2.0	GOMEAD
数据	AVISO海表面高度(SSH)	AVISO海表流速
时间分辨率	1 d	1 d
空间分辨率	(1/4)°×(1/4)°	(1/6)°×(1/6)°[由(1/4)°×(1/4)°线性插值]
涡旋检测的基础数据	SSH	几何速度场
涡旋检测算法基础	Chelton et al., 2011 Williams et al., 2011 Schlax and Chelton,2016	Nencioli et al., 2010
涡旋中心	几何中心	最小流速点
涡旋边缘	未提供	流函数最大几何速度闭合等值线

续表

	META2.0	GOMEAD
生命周期	≥ 4周	≥ 4周
半径	最大平均地转流速所包围的拟合圆的半径	涡旋中心到边缘上各点距离的平均值
振幅	反气旋涡：SSH（最大值）- SSH（边缘）的平均值 气旋涡：SSH（边缘）的平均值- SSH（最小值）	未提供，但可由该数据集计算

注：改自Wei and Wang，2023。

5.1.3 GLED 拉格朗日涡旋数据集

GLED（Global Lagrangian Eddy Dataset）V1.0 是 Liu 和 Abernathey（2022）构建的一套全球拉格朗日涡旋数据集。该数据集使用卫星高度计资料提供的海表地转流场驱动高分辨率［（1/32）°］拉格朗日粒子模拟，计算这些粒子在 180 d 内的移动轨迹，并基于拉格朗日平均涡度偏差（Lagrangian-averaged Vorticity Deviation，LAVD）方法探测了 3 种生命周期（30 d、90 d 和 180 d）的涡旋，由此建立了拉格朗日涡旋数据集。GLED V1.0 数据集包含全球海洋涡旋中心位置、半径、极性等基本特征，以及涡旋生命周期内携带粒子的移动轨迹，数据集时间跨度为 1993 年 1 月至 2019 年 6 月，时间分辨率为 10 d，空间分辨率为（1/32）°。

GLED V1.0 数据集的数据格式为 NetCDF，下载网址为 https://zenodo.org/record/7349753#.ZD-LHexBxz8，开发者同时在 GitHub（https://github.com/liutongya/GLED）上提供了该数据集处理与可视化算法。通过比较 GLED V1.0 拉格朗日涡旋和 META3.1exp 产品涡旋的统计特征，Liu 和 Abernathey（2022）发现两者的移动速度相近，但前者涡旋的半径仅为后者的一半。他们同时指出，在亚中尺度过程活跃的区域，应谨慎使用拉格朗日涡旋粒子轨迹数据。

5.2　海洋内波数据集

海洋内波是发生在海水密度稳定层化的海洋内部的一种波动，其振幅远大于表面波，最高可达 200 多米。内波是海水运动的重要形式之一，是能量和动量垂向传递的重要载体，也是引起海水混合、形成温盐细微结构的重要因素，与物理海洋、海洋生物、海洋水声、海洋工程、军事海洋等诸多学科都有着密切的联系。

内波的探测手段主要分为直接观测和遥感探测。其中，以潜标为代表的直接观测可以通过测量水下温盐剖面来获取内波的三维结构特征，但花费巨大；而卫星遥感技术则可实现对全球海洋内波的长期观测。可见光和 SAR 等诸多传感器均可用于海洋内波的探测，相关内波图像可从各传感器的官方网站查询与下载。但是，目前公开的内波专题遥感图像数据集相对较少。本节主要介绍两套公开的 SAR 内波专题图集。

5.2.1　Atlas2 SAR 内孤立波图集

在水动力学或表面膜调制的作用下，海洋内孤立波在 SAR 图像上往往呈现出亮暗相间的条纹特征（Zheng et al., 2007；Xie et al., 2022b；Zhang et al., 2022）。全球海洋协会于 2004 年 2 月发布了 Atlas2 海洋内孤立波 SAR 图集（第二版），包含 ERS-1/2、Envisat 等卫星上搭载的 SAR 观测的 54 个海区的 300 多景内波图像，均以图片的形式显示。图集中的每个内孤立波个例通常包括 SAR 图像、同步的海洋或大气环境数据，以及详细的内波特征分析文档。图集及其说明文档下载网址为 https://www.internalwaveatlas.com/Atlas2_index.html。

5.2.2　Sentinel-1 SAR 内孤立波图集

Tao 等（2022）收集了 2014—2021 年 390 景 Sentinel-1A/B 干涉宽幅模式和条带模式下的图像，分别建立了安达曼海（234 景）、南海（19 景）、苏禄海和西里伯斯海（137 景）的内孤立波 SAR 图集，连同 775 个标签数据一起存放于各海域对应的文件夹下。该数据集下载网址为 https://figshare.com/articles/dataset/IWs_Dataset_v1_0/21365835/3，数据集中所有 SAR 图像都经过了降采样、对比度增强等预处理，处理后的图像为 tiff 格式，标签文件为 txt 格式。

5.3 海洋锋数据集

海洋锋是海洋中不同水系或水团的交界面，它的存在使得某一特定的水文特征（如温度、盐度、营养盐、水色等）在空间分布上呈现出较高水平梯度的狭长带状结构。海洋锋是海洋中重要的动力现象，对于能量、热量、物质交换及生物资源分布起着关键作用（Rosso et al., 2015）。利用卫星遥感技术，可以通过 SST 或水色遥感数据来检测温度锋或水色锋（Belkin et al., 2009；Yang et al., 2016）。关于海洋锋的专题数据集较少，本节主要介绍地中海和西南印度洋海洋锋数据集（Ocean Front Dataset for the Mediterranean Sea and Southwest in Dian Ocean，NOMAD）的特点。

NOMAD 数据集由 Sudre 等（2023）基于 SST 和 SSH 卫星遥感数据构建，采用基于梯度的方法，如 Belkin 和 O'Reilly 算法（BOA），进行海洋锋的检测。当 SST 的水平梯度超过设定的阈值时，即视为存在海洋温度锋。因此，该数据集提供的是地中海和西南印度洋的温度梯度，同时提供适于评估地球流体水平混合和输运的有限尺寸 Lyapunov 指数（Finite-Size Lyapunov Exponents，FSLE），数据时间分辨率为 1 d。NOMAD 海洋锋逐日数据集信息见表 5-3。

表 5-3 NOMAD 海洋锋逐日数据集信息

文件夹名称	区域	变量	年份	空间分辨率
TG_MedSea	地中海	温度梯度	2003—2020	（1/100）°×（1/100）°
FSLE_MedSea	地中海	后向FSLE	1994—2020	（1/64）°×（1/64）°
TG_SWIO	西南印度洋	温度梯度	2003—2020	（1/100）°×（1/100）°
FSLE_SWIO	西南印度洋	后向FSLE	1994—2020	（1/64）°×（1/64）°

该数据集的数据格式为 NetCDF，下载网址为 https://sextant.ifremer.fr/Donnees/Catalogue#/metadata/3ea321a1-d9d4-49e5-a592-605b80dec240。用于海洋锋检测的 BOA 算法相关代码及前端可视化示例可从 Github 网站获取，网址为 https://github.com/FlorianeSudre/NOMAD_notebooks。

5.4 海雾数据集

海雾是水汽凝结成微小水滴悬浮于近海面大气中的一种天气现象，对海上、空中和地面交通及沿海生态系统等具有深远的影响（Leipper, 1994）。中国沿海地区每年有 50 多个大雾天，黄海 50% 以上的事故都发生在大雾天气（Wang et al., 2018）。因此，海雾观测对防灾减灾具有重要意义。

海雾持续时间短，形态和空间位置变化大，具有大范围长期观测能力的卫星遥感已成为海雾探测的重要手段。国家卫星气象中心基于风云卫星发布了 FY-4A AGRI L2 和 FY-3A3/B VIRR 海雾数据集。下面具体介绍其特点。

5.4.1 FY-4A AGRI 海雾数据集

FY-4A AGRI 海雾数据集提供了基于 FY-4A 卫星搭载的先进的静止轨道辐射成像仪（AGRI）数据检测得到的海雾信息。海雾检测方法为：结合 AGRI 多通道数据、其他成像仪产品及数值天气预报结果等，根据微观上雾粒子在各个通道上不同的散射、吸收特性和宏观上雾图像的特殊纹理特征，将雾覆盖像元从其他背景目标物和各种云系像元中判识出来。

该数据集时间跨度为 2019 年 8 月 1 日至今，空间范围是全球，空间分辨率为 4 km × 4 km，时间分辨率为 15 min，数据格式为 NetCDF，可从风云卫星服务网系统下载，网址为 https://satellite.nsmc.org.cn/portalsite/default.aspx，也可使用风云卫星数据客户端下载。

5.4.2　FY-3A/3B VIRR 海雾数据集

FY-3A/B VIRR 海雾数据集提供了基于 FY-3A/B 卫星可见光红外扫描辐射计（VIRR）数据检测得到的全球海域和中国大陆区域的大雾信息。检测方法为：结合 VIRR 多通道数据和地理信息等辅助数据，依据大雾在各通道的物理特性，利用阈值进行判识。

FY-3A VIRR 海雾数据集时间跨度为 2010 年 1 月 14 日至 2018 年 2 月 23 日，FY-3B VIRR 海雾数据集时间跨度为 2010 年 12 月 14 日至 2020 年 5 月 31 日，空间范围是全球，空间分辨率为 0.01°×0.01°，时间分辨率为 1 d。两套数据集的数据格式均为 HDF，可从风云卫星服务网系统下载，网址为 https://satellite.nsmc.org.cn/portalsite/default.aspx，也可以使用风云卫星数据客户端下载。

5.5　海上溢油数据集

海上溢油是当今海洋污染最严重的问题之一，不仅使海洋生态系统遭受重大损害，同时也会带来巨大的经济损失（Murawski et al., 2021）。光学传感器和 SAR 均可实现对海面溢油的遥感监测（Xu et al., 2013），但目前可公开下载的海面溢油遥感专题数据集较少。

NOAA 卫星应用与研究（Satellite Applications and Research，STAR）中心利用多源遥感观测，实现了对美国东、西海岸和墨西哥湾溢油的全天候连续监测。该中心基于一系列中、高分辨率的光学和 SAR 图像，如 Terra/Aqua MODIS、NPP VIIRS、Sentinel-2A/B MSI、Landsat-7 ETM+、Landsat-8 OLI、Sentinel-1A/B SAR 等，生成海洋污染监测报告（Marine Pollution Surveillance Report，MPSR）。每份报告包含图像日期和时间、卫星传感器、空间分辨率和模式 / 极化（如适用）、报告日期和时间、溢油的具体位置、扩散范围和表面积、溢油厚度（如适用）、置信度和不确定性、两张 JPEG 格式的地图、1 个 KML 文件、GIS 数据以及文本文件。中心提供自 2011 年至今的 MPSR

存档数据并实时更新，下载网址为 https://www.ospo.noaa.gov/Products/ocean/marinepollution/。

Dong 等（2022b）从 Google Earth Engine 云计算平台获取并处理了 2014—2019 年 56 万余景 Sentinel-1A/B SAR 图像，确定了 452 057 个海上溢油的位置，利用半自动化海面油膜识别、提取与分类方法建立了全球 10 m 分辨率海面油膜数据集，并标注了溢油的分布和来源。但是，该数据集尚未提供公开下载链接，如需要可从通讯作者处获取。

第 6 章 海洋与大气再分析产品

海洋与大气再分析是一种通过结合遥感与现场观测数据和数值模型，重构历史海洋和大气状态的方式。再分析产品有助于我们更好地理解海洋和大气在不同时空尺度下的运动和变化，以及它们在气候变化中的重要作用。本章主要介绍几种常见的海洋和大气再分析产品。

6.1 海洋再分析产品

海洋再分析产品利用数据同化技术，融合海洋多源观测数据与海洋动力数值模型，重建长期历史数据，再现过去的海洋变化，同时解决了观测资料时空分布不均的问题。本节以 SODA、HYCOM、GLORYS、CORA、OFES 等海洋再分析产品为例介绍其特点。

6.1.1 SODA 产品

全球简单海洋资料同化系统（Simple Ocean Data Assimilation，SODA）是一种基于海洋模式和观测数据的分析系统，由美国马里兰大学在 20 世纪 90 年代初开始开发，主要用于提供全球海洋环流和海－气相互作用的再分析数据。SODA 海洋再分析产品要素包括三维温度、盐度、流场、海表面高度、海面风应力、海洋上层 0 ～ 125 m、0 ～ 500 m 热含量、海冰厚度等（Jackett et al., 2006）。再分析系统的同化方法采用了随机连续估计理论和质量控制方法，包括临近点检验法、“预报值－观测值”差值检验法、卡尔曼滤波（Kalman Filter，KF）、四维变分同化（4D-Variational Data Assimilation，4DVAR）等。

SODA 产品历经了 3 代版本的发展，目前正在开发 SODA4 全球涡分辨率海洋 / 海冰再分析产品（global eddy-resolving ocean/ice reanalysis）。早期 SODA1 再分析系统采用美国地球物理流体力学实验室（Geophysical Fluid Dynamics Laboratory，GFDL）的海洋模式 MOM2（Modular Ocean Model version 2），未使用卫星测高数据，产品水平分辨率为 0.5°× 0.5°，时间跨度为 1958—2001 年，时间分辨率为月平均，垂向 40 层（Carton and Giese，2008）。SODA2 产品的水平分辨率提升至 0.25°× 0.25°，时间跨度为 1871—2008 年。SODA3 再分析系统采用 MOM 5（Modular Ocean Model version 5）海洋数值模式，垂向层数增至 50 层，并引入一个通量的偏差校正方案。产品时间跨度为 1980 年至今，时间分辨率为月平均和 5 d 平均，赤道附近水平分辨率为 0.25°× 0.25°，高纬度海域为 0.1°× 0.25°（Carton et al., 2018）。表 6−1 列出了 SODA3 海洋再分析系统同化的数据来源。

表 6-1　SODA3 海洋再分析系统同化的数据来源

数据类型	数据来源
船舶和浮标	大西洋热带–海洋浮标组群（TAO/Triton）数据； 全球海洋观测网（ARGO）数据； 世界海洋数据库（World Ocean Database，WOD），包括抛弃式深海温度测量仪（eXpendable Bathy Thermograph，XBT）、温盐深仪（Conductivity Temperature Depth，CTD）观测的海洋温度和盐度数据； 海洋大气综合数据集（International Comprehensive Ocean–Atmosphere Data Set，ICOADS）的海温观测数据
卫星数据	CNES提供的卫星测高数据； AVHRR SST数据
垂向剖面数据	WOD水文剖面数据； 美国国家海洋地理数据中心（National Geophysical Data Center，NGDC）的温度廓线数据
其他数据	全球降水气候计划（Global Precipitation Climatology Project，GPCP）的月平均降水通量数据； NCEP/NCAR或ECMWF的海面风场再分析数据

在产品精度方面，Carton 等（2018）对比了 1980—2008 年的 SODA2.2.4 SST 与 OISST 数据，发现 SODA 产品存在 SST 低估现象，其均方根误差（RMSE）为 0.6 ~ 1℃；相较之下，SODA3.4.2 SST 的 RMSE 普遍低于 0.6℃，但在大西洋和太平洋赤道上升流区域存在暖偏差。进一步将 SODA2.2.4 和 SODA3.4.2 的 0 ~ 300 m 月平均水温和盐度数据与历史水文剖面数据对比，结果显示 SODA2.2.4 明显低估温度，RMSE 为 0.1℃；而 SODA3.4.2 几乎无系统偏差，且 RMSE 较低。对于海水盐度，SODA2.2.4 产品盐度在热带和亚热带地区明显偏低，而 SODA3.4.2 则显示出较小的系统偏差和 RMSE。

SODA 再分析产品可在其官方网站（https://www2.atmos.umd.edu/~ocean/）或者其他相关网站（https://climatedataguide.ucar.edu/climate-data/soda-simple-ocean-data-assimilation）下载，数据格式为 NetCDF4。其中，SODA3.3.2、

SODA3.4.2、SODA3.6.1、SODA3.7.2 和 SODA3.11.2 版本产品可以直接点击下载，其他版本则需要按照页面上的指示，使用 linux 命令下载。图 6-1 显示了由 SODA 3.11.2 版本产品绘制的 5 d 平均的海面盐度分布。

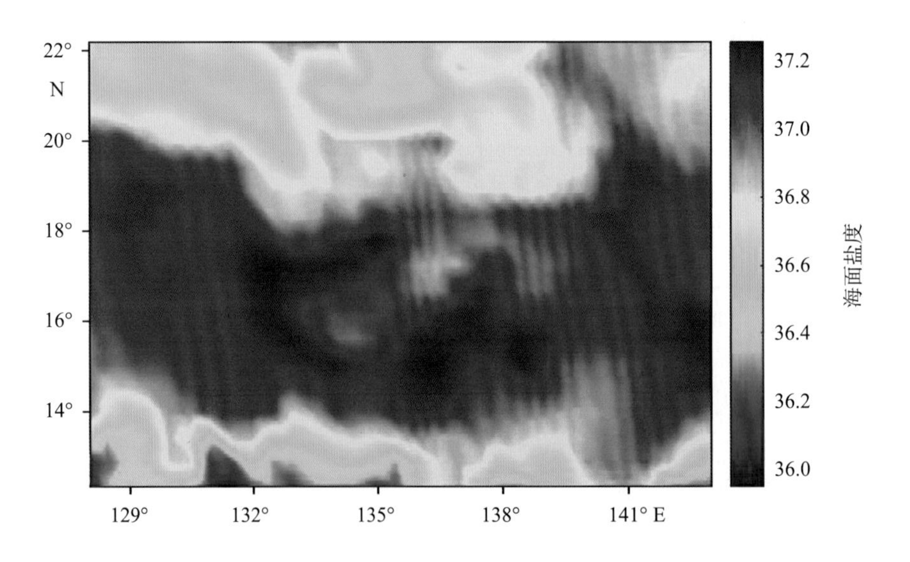

图 6-1　2015 年 3 月 15—20 日 SODA 产品 5 d 平均海面盐度分布

6.1.2　HYCOM 产品

HYCOM（Hybrid Coordinate Ocean Model）再分析产品是美国海军研究实验室利用海军耦合海洋数据同化（Navy Coupled Ocean Data Assimilation，NCODA）系统将 HYCOM 模式数据和多源观测数据相结合的产物，产品要素包含三维温度、盐度、流场、海表面高度等。该产品采用多变量最优插值法（Multivariate Optimal Interpolation，MVOI）同化了卫星高度计观测的海表面高度数据、卫星遥感的 SST 数据、Argo 浮标和锚系浮标观测的温度和盐度剖面数据。HYCOM 模式垂向采用混合坐标，可在等密度坐标、z 坐标和 σ 坐标之间以特定的方法进行灵活转换，以达到尽可能准确地描述海洋要素垂直结构的目的。

表 6-2 列出了 HYCOM 产品信息。其中，“Data Assimilative Runs: [ACTIVE]”

包含了实时更新的全球与区域产品，逐日数据通常在 HYCOM+NCODA 预报系统初始运行时间后的 48 h 内可访问。“Data Assimilative Runs: [STATIC]”包含固定日期范围内的数据。

表 6-2　HYCOM 产品信息

名称	时间跨度
Data Assimilative Runs: [ACTIVE]	
GOFS 3.1: 41-layer HYCOM + NCODA Global (1/12)° Analysis	2014-07-01至今
HYCOM-TSIS (1/100)° Gulf of Mexico Reanalysis	2001-01-01至今
HYCOM-TSIS (1/25)° Gulf of Mexico Reanalysis	2001-01-01至今
Data Assimilative Runs: [STATIC]	
HYCOM + NCODA Gulf of Mexico (1/25)° Analysis（GOMu0.04/expt_90.1m000）	2019-01-01至2023-01-15
HYCOM + NCODA Gulf of Mexico (1/25)° Reanalysis（GOMu0.04/expt_50.1）	1993-01-01至2012-12-31
GOFS 3.1: 41-layer HYCOM + NCODA Global (1/12)° Reanalysis	1994-01-01至2015-12-31
GOFS 3.0: HYCOM + NCODA Global (1/12)° Analysis	2008-09-19至2018-11-20
GOFS 3.0: HYCOM + NCODA Global (1/12)° Reanalysis	1992-10-02至2012-12-31

以 Data Assimilative Runs: [ACTIVE] 中的 GOFS 3.1 数据集为例，其覆盖范围为全球海洋，在 40°S—40°N 范围内水平分辨率为 0.08° × 0.08°，在 40°—80°S、40°—90°N 范围内分辨率为 0.08° × 0.04°；时间跨度为 2014 年 7 月 1 日至今，在 standard 和 ice 字段的时间分辨率为 3 h，sur 字段分辨率为 1 h。区域产品 HYCOM-TSIS（1/100）° Gulf of Mexico Reanalysis 的覆盖范围为（18°—32°N、98°—77°E），水平分辨率高达 0.01° × 0.01°，时间跨度为 2001 年 1 月 1 日至今，时间分辨率为 1 h。在产品精度方面，在全球海域，

HYCOM SST 的 RMSE 小于 0.5℃，在西边界流区域和南极环流区域误差最大。HYCOM 水温在上层 500 m 内表现出冷偏差，RMSE 在混合层和温跃层更大（Metzger et al., 2014）。

HYCOM 产品的数据格式为 NetCDF，下载网址为 HYCOM.org 网站。可以使用启用了 OPeNDAP 的客户端进行访问。所有版本的 OPeNDAP URL 均可从 HYCOM THREDDS（海洋 - 大气预报研究中心：https://tds.hycom.org/thredds/catalog.html）目录中获得。图 6-2 显示了由 HYCOM GOFS 3.1 产品绘制的海面盐度分布。

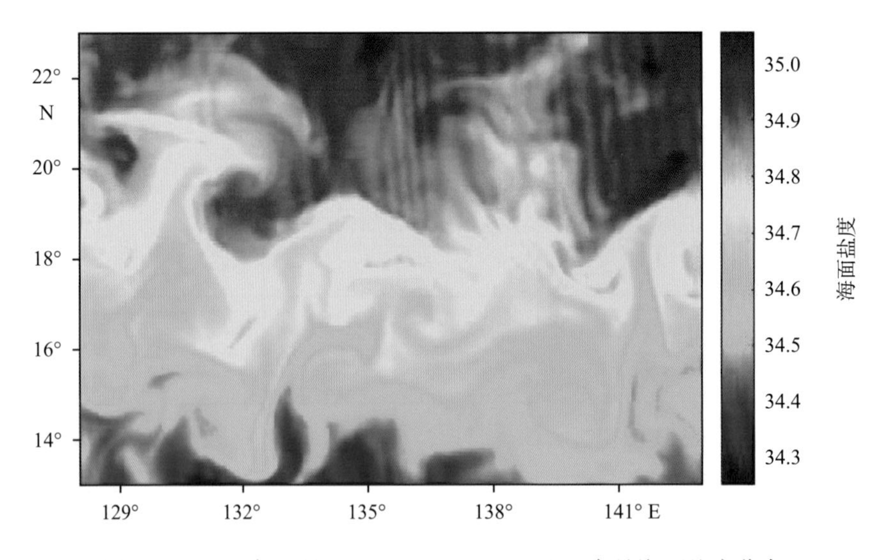

图 6-2　2015 年 3 月 20 日 6:00UTC HYCOM 产品海面盐度分布

6.1.3　GLORYS 产品

全球海洋物理再分析（Global Ocean Physics Reanalysis，GLORYS）产品由哥白尼海洋环境监测服务中心（CMEMS）研制，产品要素包括三维温度、盐度、流场、海表面高度、混合层深度、海冰等，覆盖范围为全球海洋（80°S—90°N、180°W—179.92°E），时间分辨率为逐日、月平均。

GLORYS 海洋再分析产品历经了 12 代版本的发展。其中，GLORYS1 采用了粒子滤波器作为数据同化模型（Ferry et al., 2010），时间跨度为 2002—2008 年，水平分辨率为 0.25° × 0.25°，垂向 75 层。GLORYS2 利用 NEMO（Nucleus for European Modelling of the Ocean）模型，驱动场来自 ERA 大气再分析产品，采用降阶卡尔曼滤波和三维变分同化（3D-Variational Data Assimilation，3D-Var）方案同化海洋观测数据。产品时间跨度为 1992—2009 年，水平分辨率同样为 0.25° × 0.25°，垂向 75 层（Parent et al., 2011）。

当前最新版本为 GLORYS12，同样采用 NEMO 模型，但驱动场来自 ERA-Interim（ECMWF Reanalysis – Interim）大气再分析产品，采用降阶卡尔曼滤波、3D-Var 方案同化海洋观测数据，包括卫星雷达高度计观测的海平面异常数据、SST 遥感产品、海冰密集度数据以及温盐剖面数据（Lellouche et al., 2021）。相较于 GLORYS2，GLORYS12 产品时间跨度更长，涵盖了 1993 年至今的高度计时期（1993 年 1 月 1 日至 2023 年 10 月 24 日），水平分辨率由 0.25° × 0.25° 提升为（1/12）°×（1/12）°，垂向 50 层。表 6–3 列出了 1993—2016 年 GLORYS12 海洋再分析产品的质量评估结果。

表 6–3　GLORYS12 产品质量评估结果（Drévillion et al., 2023）

物理量	指标	0 ~ 100 m	100 ~ 300 m	300 ~ 800 m	800 ~ 2 000 m
温度（℃）	RMSE	0.97	0.85	0.48	0.20
	平均偏差	−0.05	−0.02	−0.005	0.006
盐度	RMSE	0.293	0.165	0.082	0.054
	平均偏差	−0.003	−0.007	−0.001	0.000
SST（℃）	RMSE	0.5			
	平均偏差	−0.05			
SSH（cm）	RMSE	5.5			
	平均偏差	0.03			

GLORYS 海洋再分析产品的数据格式为 NetCDF 和 HDF5，下载网址为

http://marine.copernicus.eu/getting-started/（哥白尼海洋监测服务网），交互式目录（http://marine.copernicus.eu/services-portfolio/access-to-products/）允许用户根据地理区域、参数、时间跨度和垂向分层选择产品。选择对应产品后，无需注册即可查看。图 6-3 显示了由 GLORYS12V1 版本产品绘制的海面盐度分布。

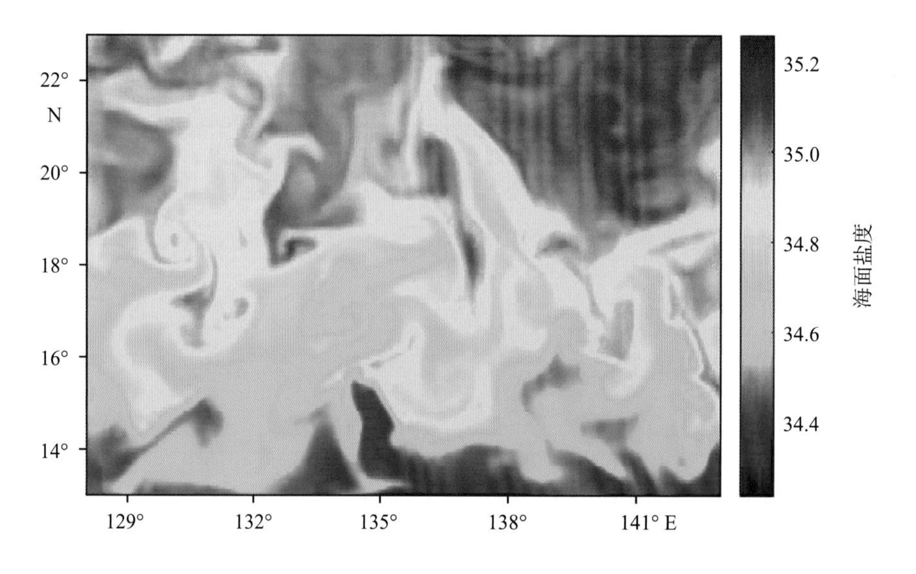

图 6-3　2015 年 3 月 20 日 GLORYS 产品海面盐度分布

6.1.4　CORA 产品

中国海洋再分析（China Ocean ReAnalysis，CORA）产品由国家海洋信息中心研制，包括 CORAV1.0 和 CORAV2.0 两个版本。

CORAV1.0 产品要素包含海面高度以及三维温度、盐度和海流，时间范围为 1958—2018 年，时间分辨率为月平均。该产品又分为西北太平洋和全球海洋再分析产品。其中，西北太平洋海洋再分析系统选用的海洋动力模式为普林斯顿广义坐标系统海洋模式 POMgcs（Princeton Ocean Model with generalized coordinate system），模式原始水平分辨率为 0.5°×0.5° ~ 0.125°×0.125°，变网格；全球海洋再分析系统选用麻省理工学院的海洋环流模式 MITgcm

（Massachusetts Institute of Technology general circulation model），模式原始水平分辨率为 0.5°×0.5° ~ 0.25°×0.25°，变网格。两套再分析系统的气象驱动场均为 NCEP 再分析场，海洋数据同化方法为多重网格 3D-Var 方法，同化的海洋观测数据包括现场温盐观测、卫星遥感海表面高度异常（SSHA）和 Reynolds SST 数据。西北太平洋再分析产品海区范围为（22°—40°N、118°—132°E），水平分辨率为 0.5°×0.5°，垂向 35 层；全球海洋再分析产品海区范围为（75°S—85°N，环全球），水平分辨率 0.5° ~ 0.25°，垂向 35 层。

CORAV2.0 为新一代全球高分辨率冰－海耦合再分析产品，于 2021 年 11 月发布，原始产品要素包括海面高度（含潮汐），三维温度、盐度、海流（含潮流），海冰密集度、厚度、速度，水平分辨率为（1/12）°×（1/12）°，垂向 50 层，水深达 5 500 m，时间跨度为 1989—2022 年，时间分辨率为 3 h（Fu et al., 2023）。如表 6-4 所示，CORAV2.0 产品在覆盖范围、时空分辨率、分析要素、产品精度等方面均已达到国际同类产品先进水平。

表 6-4　CORA 再分析产品与国际同类产品的对比（国家信息中心，2021）

机构名称	产品名称	产品要素	水平分辨率	时段
美国马里兰大学（UM）	SODA3.4.2	海面高度，三维温盐流，海冰	0.25°×0.25°	1980—2019年
美国海军研究实验室（NRL）	HYCOM	海面高度，三维温盐流，海冰	（1/12）°×（1/12）°	1994—2015年
国家海洋信息中心	CORAV2.0	海面高度（含潮汐），三维温盐流（含潮流），海冰	（1/12）°×（1/12）°	1989—2022年
	CORAV1.0	海面高度，三维温盐流	0.25°×0.25°	1958—2018年

CORA 再分析产品的数据格式为 NetCDF，可从国家海洋科学数据中心下载，网址为 https://mds.nmdis.org.cn/pages/home.html。对于 CORAV2.0，该网站提供的是 1989—2022 年的标准化产品，要素包括海面高度以及三维温度、盐度、海流，水平分辨率为 0.1°，垂向 50 层，时间分辨率为日平均、月平均。

如需原始 CORAV2.0 产品，可联系 CORAV2.0 研发组。图 6-4 显示了基于 CORAV2.0 标准化产品绘制的海表盐度分布。

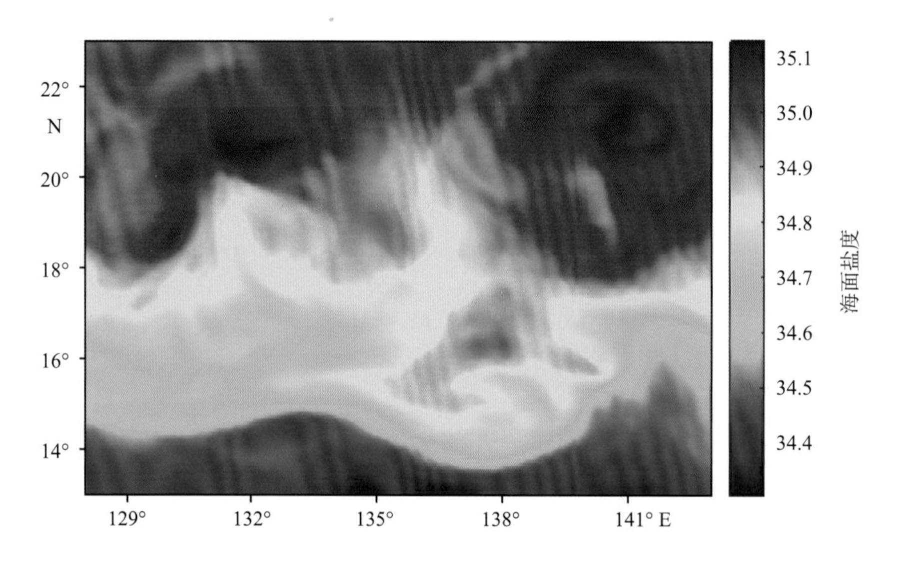

图 6-4　2022 年 12 月 CORA 产品海面盐度分布

6.1.5　OFES 产品

OFES（Ocean General Circulation Model for the Earth Simulator）由日本海洋地球科学技术厅（JAMSTEC）和全球变化前沿研究中心（FRCGC）共同推动，是基于 Modular Ocean Model（MOM3）数值模式的高分辨率海洋再分析产品。OFES 产品包括两个版本的数据集，分别为 OFES1 和 OFES2。以 OFES2 版本为例，其再分析系统包含河流径流和海冰模型，采用 KPP（K-Profile Parameterization）垂向混合方案（Masumoto et al., 2004），大气强迫场来自时间分辨率为 3 h 的 JRA55-do 08（Japanese 55-year atmospheric reanalysis）再分析产品。OFES2 产品的纬向覆盖范围是 76°S—76°N，水平空间分辨率为 0.1°，垂向 105 层，最大深度达 7 500 m，时间跨度为 1958—2019 年（Komori et al., 2005）。

在产品精度方面，与 WOA13（World Ocean Atlas 2013）数据对比，OFES2

SST 产品在全球大部分海域偏差小于 1℃，但在南太平洋和黑潮延伸体以北区域存在较大的暖偏差（>1℃）；在北大西洋，如墨西哥湾流、拉布拉多海和挪威海等海域也都存在较大偏差（>1℃）。OFES2 SSS 产品偏差在大多数海域低于 0.2，较大的偏差（大于 0.2）出现在北大西洋、南美洲北部和孟加拉湾北部海域。相较于 OFES1，OFES2 全球 SST 和海面盐度产品的偏差均较小，由 SST 计算得到的 Niño3.4 指数（Niño3.4 指太平洋中东部 5°S—5°N、170°—120°W 区域，通常用于监测 ENSO 现象）和印度洋偶极子指数的时间序列也更准确（Sasaki et al., 2020）。

OFES 海洋再分析产品的数据格式包括 NetCDF、ASCII、CSV 和 Grid，可从 JAMSTEC 官网下载，网址为 https://www.jamstec.go.jp/ofes/。

6.2 大气再分析数据

6.2.1 ERA 产品

ERA（ECMWF Re-Analysis）项目由欧洲中期天气预报中心（ECMWF）主导，旨在提供关于大气和地表过去状态的全球一致性再分析数据。ERA 产品涵盖多个版本，其中 ERA5 被广泛用于气象学、气候研究和天气与气候预报。

ERA5 再分析产品的早期版本为 ERA-Interim，使用集成预报系统（IFS）CY31r2 版本，水平分辨率约为 79 km × 79 km，提供 00：00、06：00、12：00 和 18:00 UTC 的分析数据（Dee et al., 2021）。该产品已于 2019 年 8 月停止更新。

ERA5 再分析产品的优势在于模式物理、动力核、数据同化等方面的改进，使用了 IFS CY41R2 版本模型和 4D-Var 同化方案。相较于 ERA-Interim，ERA5 全球大气再分析产品的时空分辨率均有大幅度提升，能够提供逐小时、逐日和逐月大气、陆地和海洋产品，其中大气和陆地产品的最高水平分辨率为 31 km × 31 km，海浪产品的最高分辨率为 0.5°，时间跨度为 1940 年至今，垂向 137 层，高度达 80 km。需要指出的是，2000—2006 年在平流层和对流层最上层，ERA5 全球平均温度存在不连续性，ERA5.1 版本显著改善了这一问题。ERA5.1 水平和垂直分辨率均与 ERA5 相同，时间跨度为 2000—2006 年。建议对上述大气层部分感兴趣的用户使用 ERA5.1 产品。ERA5 系列产品的数据格式为 GRIB 和 NetCDF，可从欧盟哥白尼气候变化服务局 C3S 官网下载，网址为 https://cds.climate.copernicus.eu/datasets，通过在搜索栏搜索 ERA5，即可查看和下载相关数据。

6.2.2 CFSR 产品

气候预测系统再分析（Climate Forecast System Reanalysis，CFSR）产品由美国国家环境预测中心（NCEP）开发，致力于整合观测数据和先进数值模型，生成 1979 年以来的一致性和高分辨率的全球数据。CFSR 再分析系统使用的大气模式为 T382L64，考虑了大气和海洋的耦合、加入了海－冰模式，考虑了 CO_2、气溶胶及其他痕量气体在 1979—2009 年的变化，同化了 SSM/I 海面风场遥感数据以及多源卫星多传感器观测的亮温数据。

CFSR 产品提供大气、海洋和陆地信息，其中大气要素包括气温、位温、重力势、湿度、热通量、降水量、降水速率、风应力、风速等，海洋要素包括海面温度、盐度、海面高度、海平面气压等。产品的时间跨度为 1979 年 1 月至 2011 年 3 月，时间分辨率为 6 h（00：00、06：00、12：00 和 18：00 UTC）、日平均和月平均，大气产品的水平分辨率约为 38 km，垂向 64 层；海洋产品在赤道附近的水平分辨率为 0.25° × 0.25°，在热带以外的分辨率为 0.5° × 0.5°，垂向 40 层（National Center for Atmospheric Research Staff，2022）。CFSV2（Climate Forecast System Version 2）是 CFSR 的扩展板，同样提供大气、海洋和陆地信息。该产品的时间跨度为 2011 年 1 月至今，时间分辨率与 CFSR 相同，水平分辨率为 0.2° × 0.2°、0.5° × 0.5°、1.0° × 1.0° 和 2.5° × 2.5°。

CFSR 和 CFSV2 产品的数据格式均为 NetCDF 和 GRIB2，可从 NCEP 官网下载，网址分别为 https://www.hycom.org/dataserver/ncep-cfsr、https://www.

hycom.org/dataserver/ncep-cfsv2；也可从美国国家气候数据中心 RDA（Research Data Archive）平台下载，网址分别为 https://rda.ucar.edu/datasets/ds093.0/ 和 https://rda.ucar.edu/datasets/ds094.0/。

6.2.3　CRA 产品

中国再分析产品 CRA（China Reanalysis）是我国第一代全球大气再分析产品，于 2021 年 5 月发布。该产品填补了我国在全球大气再分析领域的空白，打破了长期以来对国外再分析产品的依赖。

CRA 大气再分析系统使用 GSM-V14 大气模式，结合 GSI（Grid-point Statistical Interpolation）-V3.6 同化系统，采用 3D-Var 同化技术，模式水平分辨率约 34 km（T574），垂向 64 个混合 σ 气压层，模式顶层为 0.27 hPa，高度约 55 km。再分析产品要素包括大气、海洋、陆地三大类共 204 个变量，提供 34 km × 34 km、0.25° × 0.25°、0.5° × 0.5°、1° × 1°、2.5° × 2.5° 5 种水平分辨率，逐 6 h、逐日、逐月 3 种时间分辨率，时间跨度为 1979—2018 年。

在中国地区，以 2 000 多个地面气象站参考，评估发现 CRA 气压产品的平均偏差、标准差和 RMSE 分别为 −0.07 hPa、0.80 hPa 和 0.91 hPa；气温的平均偏差、标准差和 RMSE 分别为 0.78 K、2.46 K 和 2.67 K，而 ERA5 气温产品的平均偏差、标准差和 RMSE 则分别为 0.73 K、2.62 K 和 2.85 K（刘梦杰等，2021）。经过国内多家业务科研单位的试用评估，CRA 大气再分析产品的质量与国际第三代全球再分析产品质量总体相当。

CRA 再分析产品的数据格式为 GRIB 和 GRIB2，可以通过中国气象数据网检索下载，网址为 http://data.cma.cn/CRA。

第 7 章
海洋数据在线可视化与分析平台

海洋数据在线可视化与分析平台是用于展示和分析海洋数据的系统，结合先进的数据分析技术与直观的可视化界面，能够处理大量来自卫星遥感、现场观测等多种来源的数据，可以将复杂的海洋数据以图像、图形、动画等形式展示出来，帮助研究人员、政策制定者和公众更直观、有效地分析和理解复杂的海洋数据。本节主要介绍几款公开的海洋数据在线可视化与分析平台。

7.1 ERDDAP平台

ERDDAP（Environmental Research Division’s Data Access Program） 由NOAA 开发，旨在提供一个集中的数据访问接口，使用户能够轻松查询、获取和使用海洋与大气科学数据。平台的访问网址为 https://coastwatch.pfeg.noaa.gov/erddap/index.html。

ERDDAP 平台支持来自卫星、浮标、船只、气象站等观测的海洋与气象观测数据，包括海面温度、盐度、海面高度、海流、水色、气温、湿度、风速、降水量等，同时支持海底地形等地理空间数据。下面以 2018 年 6 月基拉韦厄火山藻类大量繁殖时期的周平均海表叶绿素 a 浓度数据分析为例，介绍 ERDDAP 平台的主要功能。

（1）数据加载

数据搜索可以在 ERDDAP 平台的主界面进行，也可以通过多个 ERDDAP 服务器（http://erddap.com/）来实现。

①进入 ERDDAP 平台的主界面，在搜索栏中搜索“VIIRS chlorophyll”数据集。

②单击名为“Chlorophyll a Concentration，NPP VIIRS-CoastWatch-Weekly，2012-present”的数据集左侧的“图表”链接，可以进入绘图选项页面（图 7-1）。

（2）图像处理

如图 7-1 所示，通过“Dimensions”选项可以调整数据起止时间和经纬度范围等，通过“Graph Settings”选项可以调整坐标轴取值范围和图形色标等属性参数，通过“Graph Type”选项可以选择想要绘制的图形类型。例如，选择“linesAndMarkers”，点击“Redraw the Graph”选项后可以生成区域平均的叶绿素 a 浓度随时间的变化曲线。

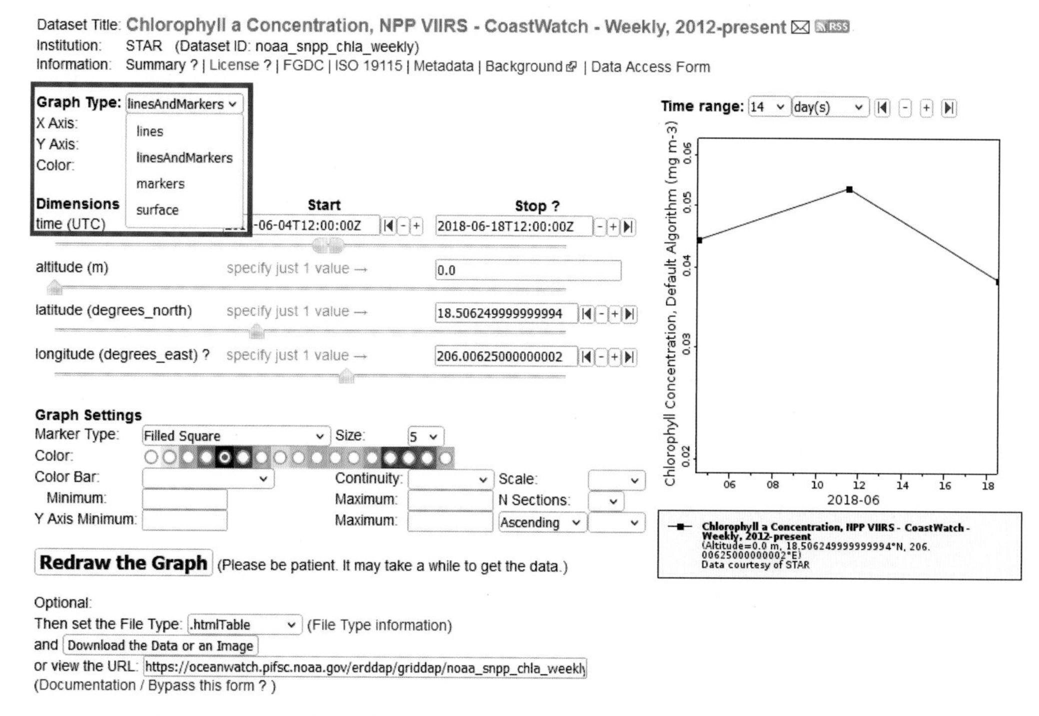

图 7-1　2018 年 6 月 4—18 日 VIIRS 海表叶绿素 a 浓度随时间的变化

（3）数据与图形的保存

①点击红色框中的“set the File Type”可以将文件保存为“.htmlTable”等不同的格式，点击“Download the Data or an Image”可以下载数据或图形。

②通过更改 ERDDAP 平台中数据集的 ID、文件类型、变量名称、时间、经纬度范围等可以获取新的数据并绘制相关图形。

7.2　WorldView平台

WorldView 是 NASA 提供的一个全球卫星遥感观测数据可视化与分析平台，方便用户进行地球科学研究、自然灾害监测、气候变化评估等工作。平台的访问网址为 https://worldview.earthdata.nasa.gov。

WorldView 整合了来自 SeaWiFS、MODIS、VIIRS 等传感器的海洋遥感数据。

其中，SeaWiFS 数据可提供海表叶绿素 a 浓度等信息，MODIS 和 VIIRS 数据可提供遥感反射率、海表温度、云覆盖等信息。

WorldView 平台具备在桌面和移动设备上交互式浏览全球全分辨率卫星图像层的能力。基本步骤如下所述。

①在地图上平移和缩放鼠标到感兴趣的区域，并添加图像层，通过点击“Add layers”添加图层。

②选择以下方式之一：a. 在搜索栏中键入关键字；b. 点击“Hazards And Disasters”根据自然灾害类型选择图层；c. 点击“Science Disciplines”根据学科领域选择图层；d. 点击“Featured”选项卡选择其余图层。

③查找需要的图层，通过选中复选框进行选择。

④通过在左下角的日期框中选择或键入日期，或者点击时间轴中的所需日期来更改日期。

选择好图层后，便可根据当前图层信息进行平台其他功能的使用。主要功能包括以下 3 个方面。

（1）拍摄快照

①点击右上角的相机图标。

②通过拖动 / 调整框的边缘来选择感兴趣的区域。

③选择图像分辨率和数据格式。

④点击下载按钮，快照将在新窗口中打开。

（2）比较图像

①点击“Start Comparison”，屏幕和图层列表分为 A、B 两侧，可以分别选择加载不同的图层进行对比。

②点击屏幕中央的滑动图标，并横向拖动图标，以查看 A、B 两侧之间的差异。

③可以将比较模式更改为“Opacity”模式。在这种模式下，可以在 A 和 B 标签之间进行淡入、淡出。通过调整透明度，使一侧的图像逐渐消失，同时

另一侧的图像逐渐显现，从而能够清晰地观察到 A、B 两侧图像之间的差异。

④可以将比较模式更改为“Spy”模式。在这种模式下，活动标签中显示主要地图，非活动标签中则以放大镜的形式显示局部图像。可以在主地图上查看主要图像，同时查看局部区域的高清图像。

⑤点击“Exit Comparison”以返回到常规视图。

（3）查看连续图像

①点击“Add Layers”添加图层并在搜索框中键入“Geostationary”或在“Featured”选项卡下选择“Geostationary”。

②选择其中一个可用的图层，如“Red Visible（0.64 μm，Band 2，10 min）GOES East/ABI”，通过拖动时间轴可以看到图像随时间的变化，从而了解海洋要素或现象的演变过程。

7.3 GEE平台

Google Earth Engine（GEE）是由谷歌、美国卡内基梅隆大学、美国地质调查局（USGS）共同开发，旨在进行卫星遥感影像数据和其他地球观测数据的云端运算，使用户可以在线调用庞大数据，不占用本地电脑内存，进行云计算。平台的访问网址为 https://earthengine.google.com/。

GEE 平台提供了丰富的地理信息数据，涵盖 Sentinel、MODIS 和 Landsat 等多种卫星遥感影像和航空遥感数据、基础地理信息及各种应用产品。据官方统计，GEE 数据中心拥有超过 200 个公共数据集和 500 多万景影像，每天更新约 4 000 景影像。所有数据经过预处理，形成便于使用和保存的格式，可高效访问。平台的主要功能如下所述。

①地图可视化和交互式分析：平台提供强大的地图可视化功能，用户可以在地图上叠加不同的数据图层，并进行交互式分析和可视化。

②时序序列分析：平台存储了大量的历史时序数据，用户可以利用这些数

据进行时间序列分析。

③机器学习算法和模型应用：平台集成了机器学习算法和模型，用户可在大规模地理空间数据上进行监督学习和无监督学习。

GEE 平台的使用需要有已启用 Earth Engine 访问权限的 Google 账户，登录后可使用 Python 和 JavaScript 版的编辑界面（API），构建自定义应用程序和本地开发 Earth Engine 代码。利用基于 Web 的代码编辑器，用户可以快速、交互式地进行算法开发，充分利用其强大的功能进行自定义编程，并在 Google 服务器上执行。

7.4 SatCO$_2$平台

海洋遥感在线分析平台 SatCO$_2$ 由自然资源部第二海洋研究所卫星海洋环境动力学国家重点实验室（SOED/SIO）和浙江大学资源与环境信息系统重点实验室联合开发，平台的访问网址为 https://www.satco2.com/。

SatCO$_2$ 是一款以遥感数据为基础，三维球体可视化、多源数据处理和应用的在线分析平台，包括 WEB 版、客户端 PC 版和定制版。通过该平台，既可以轻松接入 SOED/SIO 遥感数据共享中心，获取该中心提供的多源遥感数据的在线可视化及分析服务，也可以对本机存储的多源遥感数据和实测数据进行综合分析。在该平台上，用户只需通过界面操作，不需任何编程基础，就可以浏览分析近 20 年全球海面温度、叶绿素 a 浓度、透明度等 50 余种产品，进行二氧化碳通量、赤潮识别、沿海水质等分析。

下面以 SatCO$_2$ 平台客户端为例介绍其主要功能。

（1）数据加载

①选择在线数据或者本地遥感或实测数据，数据格式为 nc、tiff、hdf 等。

②选择需要加载或者查询的数据集、参数类型、时间范围、空间范围等来进行可视化展示。

（2）图像显示

图像显示包括图像调整模块、空间测量模块、可视化导航模块以及视图显示调整模块等。此功能单元可以对可视化图层的亮度、透明度、对比度、色标、图例等进行设置，也可以对地理单元进行点、线、面的测量，还可以通过顺时针旋转、逆时针旋转以及飞行浏览等方式展示图层。

（3）数据分析

数据分析栏可以进行单幅数据分析、时间序列分析以及动画分析。

（4）自定义算法

自定义算法菜单栏提供数据筛选、感兴趣区提取、数据分类、公式编辑器、重采样、网格化、专题图等功能。以数据网格化功能为例，通过“网格化功能”，可以通过设置参数和网格分辨率对感兴趣的数据进行网格化。

（5）通量评估

通量评估栏包括海－气 CO_2 通量计算以及区域碳收支评估两个模块。以海－气 CO_2 通量计算为例，具体步骤如下所述。

①单击“遥感（数据库）”按钮，设置时间后进行查询，平台可自动搜索出数据库已有的通量计算所需相关参数的遥感数据，这些参数包括海面温度、盐度、海面风速、大气 CO_2 分压、海水 CO_2 分压等。

②设置气体传输速率计算公式，确定是否需要风速校正，点击“确定”开始计算通量。

③系统默认重采样到参与计算的数据的最高分辨率，用户可自行选择重采样到任意分辨率。

④计算结果将自动显示在三维球体上。

参考文献

陈戈, 杨杰, 田丰林, 等, 2021. 海洋涡旋遥感：进展与挑战 [J]. 遥感学报, 25(1): 302-322.

范润龙, 孙立东, 杨晨, 2022. 黄海海域 FY4A 卫星温湿廓线适用性分析 [J]. 舰船电子工程, 42 (3): 129-134.

国家卫星海洋应用中心, 2020a. CFOSAT 卫星微波散射计产品真实性检验报告 (月模式 - 快) V01. CFO SCA VAL MONTH-FAST 20200403 [EB/OL]. https://osdds.nsoas.org.cn/documentDownload.

国家卫星海洋应用中心, 2020b. HY2B 卫星微波散射计产品真实性检验报告（月模式 - 快）V01. HY2B SCA VAL MONTH-FAST 20200408 [EB/OL]. https://osdds.nsoas.org.cn/documentDownload.

国家卫星海洋应用中心, 2023. 海洋卫星数据分发系统用户手册 [EB/OL]. https://osdds.nsoas.org.cn/documentDownload.

国家信息中心, 2021. 全球高分辨率冰 - 海耦合再分析 CORAV2- 宣传册 [EB/OL]. http://www.gbamds.cn:8888/NMDC_GBA/xzzq/olist.shtml.

何兴伟, 冯小虎, 韩琦, 等, 2020. 世界各国静止气象卫星发展综述 [J]. 气象科技进展, 10(1): 22-29.

蒋兴伟, 何贤强, 林明森, 等, 2019. 中国海洋卫星遥感应用进展 [J]. 海洋学报, 41(10): 113-124.

郎姝燕, 孙从容, 鲁云飞, 等, 2022. 中法海洋卫星微波散射计近海岸产品在台风遥感监测中的应用 [J]. 海洋气象学报, 42(2): 74-80.

廖蜜, 张鹏, 毕研盟, 等, 2015. 风云三号气象卫星掩星大气产品精度的初步检验 [J]. 气象学报, 73(6): 1131-1140.

刘梦杰, 张卫星, 张镇驿, 等, 2021. CRA40 在中国地区 GNSS 水汽反演中的适用性评估与分析 [J]. 南京信息工程大学学报（自然科学版）, 13(2): 138-144.

刘玉光, 2009. 卫星海洋学 [M]. 北京：高等教育出版社.

吕思睿, 2023. 多源卫星海面风场融合研究 [D]. 南京：南京信息工程大学.

毛志华, 潘德炉, 2002. 中国海域一类水体叶绿素 a 浓度遥感反演模式 [C]. 海洋监测高

技术研讨会.

商洁, 吴莹, 邹依珂, 等, 2024. FY-3D 卫星 MWRI 资料反演洋面台风降雨率 [J]. 热带海洋学报, 1(23): 1−11.

沈震, 2023. 长期多系统 RO 大气场精度分析及应用研究 [D]. 徐州: 中国矿业大学.

史鑫皓, 陈树果, 林明森, 等, 2023. 中国海洋水色卫星传感器 COCTS HY-1D 产品初步评价 [J]. 遥感学报, 27(4): 943−952.

司一丹, 2023. FY-4B 大气环境类产品介绍 [R]. 北京: 国家卫星气象中心.

孙雨琦, 薛存金, 洪娅岚, 等, 2021. 全球海洋初级生产力标准化距平数据集 [J]. 全球变化数据学报, 5(2): 162−174.

陶醉, 周翔, 马胜, 2017. 基于 ABPM 模型的全球海洋初级生产力遥感监测 9 km 分辨率月度数据集（2003—2012）[J]. 全球变化数据学报, 1(2): 149−156, 168−175.

童如清, 宋庆君, 夏光平, 等, 2023. 中国近海多传感器合并叶绿素数据集检验与分析 [J]. 华中师范大学学报（自然科学版）, 57(1): 69−76, 95.

王明明, 邹晓蕾, 徐徐, 2022. 全球探空站附近掩星观测资料误差估计 [J]. 气象科学, 42(3): 285−299.

于航, 杨娜, 张叶晖, 2022. 基于 PERSIANN-CDR 产品的淮河流域极端降水的反演性能评估 [J]. 水电能源科学, 40(10): 1−4.

郑全安, 谢玲玲, 郑志文, 等, 2017. 南海中尺度涡研究进展 [J]. 海洋科学进展, 35(2): 28.

邹伟, 王世明, 2016. 卫星导航系统在海洋工程中的应用 [J]. 全球定位系统, 41(3): 121−125.

ACRI-ST GLOBCOLOUR TEAM, 2020. GLOBCOLOUR Product User Guide, Version 4.2.1, GC-UM-ACR-PUG-01. [EB/OL]. https://hermes.acri.fr/.

AMORES A, JORDÀ G, ARSOUZE T, et al., 2018. Up to what extent can we characterize ocean eddies using present - day gridded altimetric products? [J]. Journal of Geophysical Research: Oceans, 123(10):7220−7236.

ATLAS R, HOFFMAN R N, ARDIZZONE J, et al., 2011. A cross-calibrated, multiplatform ocean surface wind velocity product for meteorological and oceanographic applications [J]. Bulletin of the American Meteorological Society, 92(2): 157−174.

BEHRENFELD M J, BOSS E, SIEGEL D A, et al., 2005. Carbon-based ocean productivity and phytoplankton physiology from space[J]. Global Biogeochemical Cycles, 19(1), GB1006.

BEHRENFELD M, FALKOWSKI P, 1997. A consumer's guide to phytoplankton primary productivity models [J]. Limnology & Oceanography, 42(7): 1479−1491.

BELKIN I M, CORNILLON P C, SHERMAN K, 2009. Fronts in large marine ecosystems [J]. Progress in Oceanography, 81(1−4): 223−236.

CARTON J A, CHEPU RIN G A, CHEN L, 2018. SODA3: A New Ocean Climate Reanalysis [J]. Journal of Climate, 31: 6967−6983.

CARTON J A, GIESE B S, 2008. A Reanalysis of Ocean Climate Using Simple Ocean Data Assimilation (SODA) [J]. Monthly Weather Review, 136: 2999−3017.

CHANG L, FENG G, ZHANG Y, et al., 2017. Effect of cloud fraction on Arctic low-level temperature inversions in AIRS observations over both land and ocean [J]. IEEE Transactions on Geoscience and Remote Sensing, 56(4): 2025−2032.

CHELTON D B, SCHLAX M G, SAMELSON R M, 2011. Global observations of nonlinear mesoscale eddies [J]. Progress in oceanography, 91(2): 167−216.

CHEN G, TANG J, ZHAO C, et al., 2019. Concept design of the "guanlan" science mission: china's novel contribution to space oceanography [J]. Frontiers in Marine Science, 6(194): 1−14.

CHENG L, 2022. IAP observational salinity gridded dataset at 0.25 resolution. V2. Science Data Bank [DS/OL]. https://cstr.cn/31253.11.sciencedb.o00122.00001.

CHIN T M, VAZQUEZ-CUERVO J, ARMSTRONG E M, 2017. A multi-scale high-resolution analysis of global sea surface temperature [J]. Remote Sensing of Environment, 200: 154−169.

CLARIZIA M P, RUF C S, 2016. Wind speed retrieval algorithm for the Cyclone Global Navigation Satellite System (CYGNSS) mission [J]. IEEE Transactions on Geoscience and Remote Sensing, 54(8): 4419−4432.

CYGNSS, 2024. CYGNSS Level 2 Science Data Record Version 3.1 [DB/OL]. https://podaac.jpl.nasa.gov/dataset/CYGNSS_L2_V3.1.

DEE D P, UPPALA S M, SIMMONS A J, et al., 2021. The ERA-Interim reanalysis: Configuration and performance of the data assimilation system [J]. Quarterly Journal of the royal meteorological society, 137(656): 553−597.

DOERFFER R, SCHILLER H, 2007. The MERIS Case 2 water algorithm [J]. International Journal of Remote Sensing, 28(3−4): 517−535.

DOHAN K, MAXIMENKO N, 2010. Monitoring ocean currents with satellite sensors [J]. Oceanography (Washington D.C.), 23(4):94−103.

DONG C, LIU L, NENCIOLI F, et al., 2022a. The near-global ocean mesoscale eddy atmospheric-oceanic-biological interaction observational dataset [J]. Scientific Data, 9(1):436.

DONG Y, LIU Y, HU C, et al., 2022b. Chronic oiling in global oceans [J]. Science, 376(6599):1300−1304.

DRÉVILLION M, LELLOUCHE J M, RÉGNIER C, et al., 2023. Quality Information Document For products: GLOBAL_REANALYSIS_PHY_001_030 FERRYN[R]. CMEMS-GLO-QUID-001-030, Issue 1.6.

EPPLEY R W, 1971. Temperature and phytoplankton growth in the sea [J]. Fishery bulletin, 70(4): 1063.

EUMETSAT, 2021. ASCAT Wind Product User Manual V1.17 [EB/OL]. https://scatterometer.knmi.nl/publications/pdf/ASCAT_Product_Manual.pdf.

FERRY N, PARENT L, GARRIC G, et al., 2010. Mercator global Eddy permitting ocean reanalysis GLORYS1V1: Description and results [J]. Mercator-Ocean Quarterly Newsletter, 36:15−27.

FU H L, DAN B, GAO Z G, et al., 2023. Global ocean reanalysis CORA2 and its inter comparison with a set of other reanalysis products [J]. Frontiers in Marine Science, 10, 1084186.

GAO B, PLATNICK S, KING M D, et al., 2015. MODIS Atmosphere L2 Water Vapor Product [R]. NASA MODIS Adaptive Processing System, Goddard Space Flight Center, USA.

GAUBE P, CHELTON D B, SAMELSON R M, et al., 2015. Satellite observations of mesoscale eddy-induced Ekman pumping [J]. Journal of Physical Oceanography, 45(1):104−132.

GAUBE P, MCGILLICUDDY J D, MOULIN A J, 2019. Mesoscale eddies modulate mixed layer depth globally[J]. Geophysical Research Letters, 46(3): 1505−1512.

GOHIN F, DRUON J N, LAMPERT L, 2002. A five channel chlorophyll concentration algorithm applied to SeaWiFS data processed by SeaDAS in coastal waters [J]. International journal of remote sensing, 23(8): 1639−1661.

GORDON H, MOREL A, 1983. Remote assessment of ocean color for interpretation of satellite visible imagery: A review [J]. Phys. Earth Planet. Inter., 37(4): 292.

GREGG W W, ROUSSEAUX C S, 2019. Global ocean primary production trends in the modern ocean color satellite record (1998—2015) [J]. Environmental Research Letters, 14, 124011.

GUAN L, KAWAMURA H, 2003. SST availabilities of satellite infrared and microwave measurements [J]. Journal of Oceanography,59: 201−209.

GUAN X, YANG L, ZHANG Y, et al., 2019. Spatial distribution, temporal variation, and transport characteristics of atmospheric water vapor over Central Asia and the arid region of China [J]. Global and Planetary Change, 172: 159−178.

HAUSER D, DONG X L, AOUF L, et al., 2016. Overview of the CFOSAT mission [C]. IEEE International Geoscience and Remote Sensing Symposium IGARSS, Beijing, China: 5789−5792.

HE L, WANG L, LI Z, et al., 2021. VIIRS Environmental Data Record and Deep Blue aerosol products: validation, comparison, and spatiotemporal variations from 2013 to 2018 in China [J]. Atmospheric Environment, 250, 118265.

HE X Q, BAI Y, PAN D L, et al., 2013. Using geostationary satellite ocean color data to map the diurnal dynamics of suspended particulate matter in coastal waters [J]. Remote Sensing of Environment, (133): 225−239.

HELL B, JAKOBSSON M, 2011. Gridding heterogeneous bathymetric data sets with stacked continuous curvature splines in tension [J]. Marine Geophysical Research, 32(4): 493−501.

HERMOZO L, RODRIGUEZ SUQUET R, TOURAIN C, et al., 2022. CFOSAT: Latest Improvements in the Swim Products and Contributions in Oceanography [C]. IEEE International Geoscience and Remote Sensing Symposium IGARSS, Kuala Lumpur, Malaysia: 6768−6771.

HU C, FENG L, LEE Z, et al., 2019. Improving satellite global chlorophyll a data products through algorithm refinement and data recovery [J]. Journal of Geophysical Research: Oceans, 124(3): 1524−1543.

HU C, LEE Z, FRANZ B, 2012. Chlorophyll aalgorithms for oligotrophic oceans: A novel approach based on three - band reflectance difference [J]. Journal of Geophysical Research: Oceans, 117(C1): 148−227.

HU M, LI L, JIN T, et al., 2021. A new 1′× 1′ global seafloor topography model predicted from satellite altimetric vertical gravity gradient anomaly and ship soundings BAT_VGG2021 [J]. Remote Sensing, 13(17): 3515.

HUANG B Q, LI X M, 2021. Spaceborne SAR Wave Mode Data as Big Data for Global Ocean Wave Observation [C]. EUSAR 2021, 13th European Conference on Synthetic Aperture Radar. VDE, 1−6.

HUFFMAN G J, BOLVIN D T, NELKIN E J, et al., 2016. TRMM (TMPA) Precipitation L3 1 day 0.25 degree x 0.25 degree V7 [R]. NASA, Goddard Space Flight Center, USA.

ISERN-FONTANET J, CHAPRON B, LAPEYRE G, et al., 2006. Potential use of microwave sea surface temperatures for the estimation of ocean currents [J]. Geophysical Research Letters, 33(L24608): 1−5.

JACKETT D R, MCDOUGALL T J, FEISTEL R, et al., 2006. Algorithms for Density, Potential Temperature, Conservative Temperature, and the Freezing Temperature of Seawater[J]. Journal of Atmospheric and Oceanic Technology, 23: 1709−1728.

JIA Y J, LIN M S, ZHANG Y G, 2020. Evaluations of the Significant Wave Height Products of HY-2B Satellite Radar Altimeters [J]. Marine Geodesy, 43(4): 396−413.

JING W, YANG Y, YUE X, et al., 2016. A comparison of different regression algorithms for downscaling monthly satellite-based precipitation over North China [J]. Remote Sensing, 8(10): 835.

KACHI M, MAEDA T, TSUTSUI H, et al., 2015. The water-related parameters and datasets derived from GCOM-W/AMSR2 [C]. In 2015 IEEE International Geoscience and Remote Sensing Symposium (IGARSS): 5095−5098.

KANT A G, ASHISH P, 2022. Ground validation of GPM Day-1 IMERG and TMPA Version-7 products over different rainfall regimes in India [J]. Theoretical and Applied

Climatology, 149(3−4): 931−943.

KAO H, LAGERLOEF G, LEE T, et al., 2017. Aquarius salinity validation analysis; data version 5.0 [EB/OL]. Ftp://podaac-ftp. jpl. nasa. gov/allData/aquarius/docs/v5 [R]. AQ-014-PS-0016_AquariusSalinityDataValidationAnalysis_DatasetVersion5. 0. pdf.

KARSTENS U, SIMMER C, RUPRECHT E, 1994. Remote sensing of cloud liquid water [J]. Meteorology and Atmospheric Physics, 54: 157−171.

KILPATRICK K A, PODESTÁ G P, EVANS R H, 2001. Overview of the NOAA/NASA path finder algorithm for sea surface temperature and associated matchup database [J]. Journal of Geophysical Research,106: 9179−9198.

KILPATRICK K A, PODESTÁ G, WALSH S, et al., 2015. A decade of sea surface temperature from MODIS [J]. Remote Sensing of Environment, 165: 27−41.

KOMORI N, TAKAHASHI K, KOMINE K, et al., 2005. Description of sea-ice component of Coupled Ocean Sea-Ice Model for the Earth Simulator (OIFES) [J]. Earth Simulator, 4: 31−45.

KURSINSKI E, SCHOFIELD J T, HAJJ G A, et al., 1997. Observing Earth's atmosphere with radio occultation measurements using the Global Positioning System [J]. Journal of Geophysical Research, 102: 23429−23465.

LEE Y J, MATRAI P A, FRIEDRICHS M A M, et al., 2015. An assessment of phytoplankton primary productivity in the Arctic Ocean from satellite ocean color/in situ chlorophyll-a based models[J]. Journal of Geophysical Research: Oceans, 120: 6508−6541.

LEIPPER D F, 1994. Fog on the US west coast: A review [J]. Bulletin of the American Meteorological Society, 75(2): 229−240.

LELLOUCHE J M, ERIC G, ROMAIN B B, et al., 2021. The copernicus global (1/12)° oceanic and sea ice GLORYS12 reanalysis [J]. Frontiers of Earth Science, 9, 698876.

LI J, CARLSON B E, YUNG Y L, et al., 2022. Scattering and absorbing aerosols in the climate system [J]. Nature Reviews Earth & Environment, 3: 363−379.

LI X M, HUANG B, 2020. A global sea state dataset from spaceborne synthetic aperture radar wave mode data [J]. Scientific Data, 7(1): 261.

LI X M, LEHNER S, BRUNS T, 2011. Ocean wave integral parameter measurements using ENVISAT ASAR wave mode data [J]. IEEE Transactions on Geoscience and Remote

Sensing, 49(1): 155−174.

LIU G, CURRY J A, 1993. Determination of characteristic features of cloud liquid water from satellite microwave measurements [J]. Journal of Geophysical Research: Atmospheres, 98(D3): 5069−5092.

LIU H, TANG S, ZHANG S, et al., 2015. Evaluation of MODIS water vapour products over China using radiosonde data [J]. International Journal of Remote Sensing, 36(2): 680−690.

LIU T, ABERNATHEY R, 2022. A global Lagrangian eddy dataset based on satellite altimetry[J]. Earth System Science Data Discussions, 15(4): 1−20.

LU W, SU H, YANG X, et al., 2019. Subsurface temperature estimation from remote sensing data using a clustering-neural network method [J]. Remote Sensing of Environment, 229: 213−222.

LU W, SU H, Zhang H, et al., 2023. OPEN: A global 1° × 1° monthly ocean heat content dataset from remote sensing data via a neural network approach (1993—2022). V4. Science Data Bank, 2023[DS/OL]. https://cstr.cn/31253.11.sciencedb.01058.

MARITORENA S, SIEGEL D A, PETERSON A R, 2002. Optimization of a semianalytical ocean color model for global-scale applications [J]. Applied Optics, 41(15): 2705−2714.

MASON E, PASCUAL A, MCWILLIAMS J C, 2014. A new sea surface height–based code for oceanic mesoscale eddy tracking [J]. Journal of Atmospheric and Oceanic Technology, 31(5): 1181−1188.

MASUMOTO Y, SASAKI H, KAGIMOTO T, et al., 2004. A Fifty-Year Eddy-Resolving Simulation of the World Ocean - Preliminary Outcomes of OFES (OGCM for the Earth Simulator) [J]. Journal of the Earth Simulator, 1: 35−56.

MEARS C, LEE T, RICCIARDULLI L, et al., 2022. Improving the accuracy of the Cross-Calibrated Multi-Platform (CCMP) ocean vector winds[J]. Remote Sensing, 14(17): 4230.

MEISSNER T, RICCIARDULLI L, WENTZ F J, 2017. Capability of the SMAP mission to measure ocean surface winds in storms [J]. Bulletin of the American Meteorological Society, 98(8): 1660−1677.

MEISSNER T, WENTZ F J, 2009. Wind-vector retrievals under rain with passive satellite microwave radiometers [J]. IEEE Transactions on Geoscience and Remote Sensing, 47(9): 3065−3083.

MEISSNER T, WENTZ F J, 2012. The emissivity of the ocean surface between 6 and 90 GHz over a large range of wind speeds and earth incidence angles [J]. IEEE Transactions on Geoscience and Remote Sensing, 50(8): 3004−3026.

MEISSNER T, WENTZ F J, DRAPER D, 2012. GMI Calibration Algorithm and Analysis Theoretical Basis Document [EB/OL]. https://images.remss.com/papers/gmi_ATBD.pdf.

MEISSNER T, WENTZ F J, MANASTER A, et al., 2024. Remote Sensing Systems SMAP Ocean Surface Salinities [EB/OL]. www.remss.com/missions/smap, doi: 10.5067/SMP60-xxxxx.

MEISSNER T, WENTZ F J, SCOTT J, et al., 2016. Sensitivity of ocean surface salinity measurements from spaceborne L-band radiometers to ancillary sea surface temperature [J]. IEEE Transactions on Geoscience and Remote Sensing, 54(12): 7105−7111.

MEISSNER T, WENTZ F, HILBURN K, et al., 2012. The Aquarius salinity retrieval algorithm [J]. International Geoscience and Remote Sensing Symposium, Munich, IGARSS, GSFC. CP. 6202.2012.

MERCATOR OCEAN, 2023. Product user manual for sea level altimeter products [EB/OL]. https://catalogue.marine.copernicus.eu/documents/PUM/CMEMS-SL-PUM-008-032-068.pdf.

METZGER E J, SMEDSTAD O M, THOPPIL P G, et al., 2014. US Navy Operational Global Ocean and Arctic Ice Prediction Systems [J]. Oceanography, 27: 32−43.

MINNETT P J, EVANS R H, KEARNS E J, et al., 2002. Sea-surface temperature measured by the Moderate Resolution Imaging Spectroradiometer (MODIS) [J]. IEEE International Geoscience and Remote Sensing Symposium, Toronto, Canada, 2: 1177−1179.

MORADI M, 2021. Evaluation of merged multi-sensor ocean-color chlorophyll products in the Northern Persian Gulf [J]. Continental Shelf Research, 221, 104415.

MURAWSKI S A, GROSELL M, SMITH C, et al., 2021. Impacts of petroleum, petroleum components, and dispersants on organisms and populations [J]. Oceanography, 34(1): 136−151.

NASA GODDARD SPACE FLIGHT CENTER, 2017. NASA Ocean Color Web. Ocean Ecology Laboratory, Ocean Biology Processing Group [EB/OL]. https://oceancolor.gsfc.nasa.gov/data/.

NATIONAL CENTER FOR ATMOSPHERIC RESEARCH STAFF, 2022. The Climate Data Guide: Climate Forecast System Reanalysis (CFSR) [EB/OL]. https://climatedataguide.ucar.edu/climate-data/climate-forecast-system-reanalysis-cfsr.

NENCIOLI F, DONG C, DICKEY T, et al., 2010. A vector geometry–based eddy detection algorithm and its application to a high-resolution numerical model product and high-frequency radar surface velocities in the Southern California Bight [J]. Journal of Atmospheric and Oceanic Technology, 27(3): 564−579.

NING J, XU Q, ZHANG H, et al., 2019. Impact of cyclonic ocean eddies on upper ocean thermodynamic response to typhoon soudelor[J]. Remote Sensing, 11(938): 1−15.

NOAA NATIONAL CENTERS FOR ENVIRONMENTAL INFORMATION, 2023. ETOPO 2022 15 Arc-Second Global Relief Model [EB/OL]. https://doi.org/10.25921/fd45-gt74.

O'REILLY J E, MARITORENA S, MITCHELL B G, et al., 1998. Ocean color chlorophyll algorithms for SeaWiFS[J]. Journal of Geophysical Research: Oceans, 103(C11): 24937−24953.

O'REILLY J E, MARITORENA S, SIEGEL D A, et al., 2000. Ocean color chlorophyll a algorithms for SeaWiFS, OC2, and OC4: Version 4 [J]. SeaWiFS Postlaunch Calibration and Validation Analyses, Part, 3: 9−23.

OLMEDO E, MARTÍNEZ J, TURIEL A, et al., 2017. Debiased non-Bayesian retrieval: A novel approach to SMOS Sea Surface Salinity [J]. Remote Sensing of Environment, 193: 103−126.

O'REILLY J E, WERDELL P J, 2019. Chlorophyll algorithms for ocean color sensors-OC4, OC5 & OC6 [J]. Remote Sensing of Environment, 229: 32−47.

OSI SAF, 2018. ScatSat-1 wind Product User Manual V1.3 [EB/OL]. https://scatterometer.knmi.nl/publications/pdf/osisaf_cdop2_ss3_pum_scatsat1_winds.pdf.

OSI SAF, 2022. Scientific Validation Report (SVR) for the HY-2 winds [EB/OL]. https://scatterometer.knmi.nl/publications/pdf/osisaf_cdop3_ss3_svr_hy-2_winds.pdf.

PAGANO T S, CHAHINE M T, FETZER E J, 2010. The Atmospheric Infrared Sounder (AIRS) on the NASA Aqua Spacecraft: A general remote sensing tool for understanding atmospheric structure, dynamics, and composition [C]. In Remote Sensing of Clouds and the Atmosphere XV , 7827: 162−169.

PARENT L, FERRY N, GARRIC G, et al., 2011. GLORYS2:AGlobal ocean reanalysis simulation of the period 1992-present [J]. Abstract Retrieved from Abstracts in Geophysical Research Abstracts, 13.

PEGLIASCO C, DELEPOULLE A, MORROW R, et al., 2021. META3.1exp: A new Global Mesoscale Eddy Trajectories Atlas derived from altimetry [J]. Copernicus GmbH. DOI:10.5194/ESSD-2021-300.

PEREZ-RAMIREZ D, SMIRNOV A, PINKER R T, et al., 2019. Precipitable water vapor over oceans from the maritime aerosol network: evaluation of global models and satellite products under clear sky conditions [J]. Atmospheric Research, 215: 294−304.

QIU B, CHEN S, 2005. Eddy-induced heat transport in the subtropical North Pacific from Argo, TMI, and altimetry measurements [J]. Journal of Physical Oceanography, 35(4): 458−473.

RICCIARDULLI L, 2016. ASCAT on Metop-A Data Product Update Notes: V2.1 Data Release[R]. Tech. Rep. 040416, Remote Sensing Systems, Santa Rosa, CA, USA.

RICCIARDULLI L, MANASTER A, 2021. Intercalibration of ASCAT Scatterometer Winds from MetOp-A, -B, and -C, for a Stable Climate Data Record [J]. Remote Sensing, 13: 3678.

RICCIARDULLI L, WENTZ F J, 2015. A scatterometer geophysical model function for climate-quality winds: QuikSCAT Ku-2011 [J]. Journal of Atmospheric and Oceanic Technology, 32(10): 1829−1846.

ROCHA C B, SIMOES-SOUSA I T, 2022. Compact mesoscale eddies in the South Brazil Bight [J]. Remote Sensing, 14(22): 5781.

ROSSO I, HOGG A M, KISS A E, et al., 2015. Topographic influence on submesoscale dynamics in the Southern Ocean [J]. Geophysical Research Letters, 42(4):1139−1147.

RUF C S, BALASUBRAMANIAM R, 2018. Development of the CYGNSS geophysical model function for wind speed [J]. IEEE Journal of Selected Topics in Applied Earth Observations and Remote Sensing, 12(1): 66−77.

SAHA K, ZHANG H M, 2022. Hurricane and Typhoon Storm Wind Resolving NOAA NCEI Blended Sea Surface Wind (NBS) Product [J]. Frontiers in Marine Science, 9, 935549.

SAHA K, ZHAO X, ZHANG H, et al., 2018. AVHRR Pathfinder version 5.3 level 3 collated

(L3C) global 4 km sea surface temperature for 1981-Present [Z]. NOAA National Centers for Environmental Information: Asheville, NC, USA.

SANDWELL D T, HARPER H, TOZER B, et al.,2019. Gravity field recovery from geodetic altimeter missions [J]. Advances in Space Research, 68(2): 1059−1072.

SANDWELL D T, MÜLLER R D, SMITH W H, et al., 2014. New global marine gravity model from CryoSat-2 and Jason-1 reveals buried tectonic structure [J]. Science, 346(6205):65−67.

SASAKI H, KIDA S, FURUE R, et al., 2020. A global eddying hindcast ocean simulation with OFES2 [J]. Geoscientific Model Development, 13: 3319−3336.

SCHLAX M G, CHELTON D B, 2016. The "growing method" of eddy identification and tracking in two and three dimensions. [EB/OL]. https://www.aviso.altimetry.fr/fileadmin/documents/data/products/value- added/Schlax_Chelton_2016.pdf.

SCHMUGGE T J, KUSTAS W P, RITCHIE J C, et al., 2002. Remote sensing in hydrology [J]. Advances in Water Resources, 25(8−12): 1367−1385.

SHI F, XIN J, YANG L, et al., 2018. The first validation of the precipitable water vapor of multisensor satellites over the typical regions in China [J]. Remote Sensing of Environment, 206: 107−122.

SILSBE G M, BEHRENFELD M J, HALSEY K H, et al., 2016. The CAFE model: A net production model for global ocean phytoplankton [J]. Global Biogeochemical Cycles, 30(12): 1756−1777.

SINGH H, BONEV B G, PETKOV P Z, et al., 2018. The Impact of Liquid Water Content over Different Seas of Europe on Satellite Communication [C]. In 2018 Ⅸ National Conference with International Participation (ELECTRONICA), 1−4.

SMITH W H, SANDWELL D T, 1997. Global sea floor topography from satellite altimetry and ship depth soundings [J]. Science, 277(5334): 1956−1962.

SONG Y, SUN Z, 2018. Analysis and Verification of The Characteristics of the Sharp-Peaked and Heavy-Tailed of Gf-3 Sar Image [C]. 2018 Fifth International Workshop on Earth Observation and Remote Sensing Applications EORSA, Shanghai, China: 1−5.

SONG Z, YU S, BAI Y, et al., 2023. Construction of a high spatiotemporal resolution dataset of satellite-derived pCO_2 and air-sea CO_2 flux in the South China Sea (2003—2019) [J].

IEEE Transactions on Geoscience and Remote Sensing, 61: 1−15.

SU H, JIANG J, WANG A, et al., 2022. Subsurface temperature reconstruction for the global ocean from 1993 to 2020 using satellite observations and deep learning [J]. Remote Sensing, 14(13): 3198.

SU H, LI W, YAN X H, 2018. Retrieving temperature anomaly in the global subsurface and deeper ocean from satellite observations [J]. Journal of Geophysical Research: Oceans, 123(1): 399−410.

SU H, WEI Y, LU W, et al., 2023. Unabated Global Ocean Warming Revealed by Ocean Heat Content from Remote Sensing Reconstruction [J]. Remote Sensing, 15(3): 566.

SU H, WU X, YAN X H, et al., 2015. Estimation of subsurface temperature anomaly in the Indian Ocean during recent global surface warming hiatus from satellite measurements: A support vector machine approach [J]. Remote Sensing of Environment, 160: 63−71.

SUDRE F, HERNÁNDEZ-CARRASCO I, MAZOYER C, et al., 2023. An ocean front dataset for the Mediterranean Sea and southwest Indian ocean [J]. Scientific Data, 10(1): 730.

SUO A, MA H, LI F, et al., 2018. Coastline carrying capacity monitoring and assessment based on GF-1 satellite remote sensing images [J]. Eurasip Journal on Image and Video Processing, (1):84.

TAO M, XU C, GUO L, et al., 2022. An Internal Waves Data Set From Sentinel-1 Synthetic Aperture Radar Imagery and Preliminary Detection [J]. Earth and Space Science, 9(12), e2022EA002528.

TASSAN S, 1994. Local algorithms using SeaWiFS data for the retrieval of phytoplankton, pigments, suspended sediment, and yellow substance in coastal waters [J]. Applied Optics, 33(12): 2369−2378.

TILSTONE G H, PARDO S, DALL’OLMO G, et al., 2021. Performance of Ocean Colour Chlorophyll a algorithms for Sentinel-3 OLCI, MODIS-Aqua and Suomi-VIIRS in open-ocean waters of the Atlantic [J]. Remote Sensing of Environment, 260, 112444.

TOZER B, SANDWELL D T, SMITH W H F, et al., 2019. Global bathymetry and topography at 15 arc sec: SRTM15+ [J]. Earth and Space Science, 6(10): 1847−1864.

UHLHORN E W, BLACK P G, FRANKLIN J L, et al., 2007. Hurricane surface wind measurements from an operational stepped frequency microwave radiometer [J]. Monthly Weather Review, 135(9): 3070−3085.

UNITED STATES GEOLOGICAL SURVEY, 2015. Shuttle Radar Topography Mission (SRTM) Collection User Guide [EB/OL]. https://lpdaac.usgs.gov/documents/179/SRTM_User_Guide_V3.pdf.

VERHOEF A, VOGELZANG J, STOFFELEN A, 2021. ScatSat-1 wind validation report V1.0 [EB/OL]. https://scatterometer.knmi.nl/publications/pdf/ASCAT_Product_Manual.pdf.

WALTON C C, PICHEL W, SAPPER J, et al.,1998. The development and operational application of nonlinear algorithms for the measurement of sea surface temperatures with the NOAA polar-orbiting environmental satellites [J]. Journal of Geophysical Research, 103: 27999−28012.

WANG R, ZHANG J, GUO E, et al., 2019. Spatial and temporal variations of precipitation concentration and their relationships with large-scale atmospheric circulations across Northeast China [J]. Atmospheric Research, 222: 62−73.

WANG S, ZHOU W, YIN X, et al., 2021. Accuracy of Sea Surface Temperature from SMR of the HY-2B Compared with In-Situ Data in 2020 [C]. IEEE International Geoscience and Remote Sensing Symposium IGARSS, Brussels, Belgium:7611−7614.

WANG Z, TENG J, CAI B, et al.,2018. Yellow Sea fog extraction method based on GOCI image [J]. Marine Environmental Science, 37(6): 941−946.

WEI L, WANG C, 2023. Characteristics of ocean mesoscale eddies in the Agulhas and Tasman Leakage regions from two eddy datasets [J]. Deep Sea Research Part Ⅱ : Topical Studies in Oceanography, 208, 105264.

WENG F, GRODY N C, 1994. Retrieval of cloud liquid water using the special sensor microwave imager (SSM/I) [J]. Journal of Geophysical Research: Atmospheres, 99(D12): 25535−25551.

WERDELL P J, MCKINNA L I W, BOSS E, et al., 2018. An overview of approaches and challenges for retrieving marine inherent optical properties from ocean color remote sensing [J]. Progress in Oceanography, 160: 186−212.

WILLIAMS S, PETERSEN M, BREMER P T, et al., 2011. Adaptive extraction and quantification of geophysical vortices [J]. IEEE transactions on visualization and computer graphics, 17(12): 2088−2095.

WU Z, LU C, LIU Y, et al., 2023. Global statistical assessment of Haiyang-2B scanning microwave radiometer precipitable water vapor [J]. Frontiers in Earth Science, 11, 1084285.

XIE H, XU Q, CHENG Y, et al., 2023. Reconstructing three-dimensional salinity field of the South China Seafrom satellite observations [J]. Frontier in Marine Science, 10.3389/fmars.2023.1168486.

XIE H, XU Q, CHENG Y, et al., 2022a. Reconstruction of subsurface temperature field in the South China Sea from satellite observations based on an Attention U-net model [J]. IEEE Transactions on Geoscience and Remote Sensing, 60:1−19.

XIE H, Xu Q, Zheng Q, et al., 2022b. Assessment of theoretical approaches to derivation of internal solitary wave parameters from multi-satellite images near the Dongsha Atoll of the South China Sea [J]. Acta Oceanologica Sinica, 41 (1): 1−9.

XIE S, LIU Y, YAO F, 2020. Spatial downscaling of TRMM precipitation using an optimal regression model with NDVI in Inner Mongolia, China [J]. Water Resources, 47(6): 1054−1064.

XU F, IGNATOV A, 2013. IN situ SST quality monitor (IQUAM) [J]. Journal of Atmospheric and Oceanic Technology, 31: 164−180.

XU Q, LI X, WEI Y, et al., 2013. Satellite observations and modeling of oil spill trajectories in the Bohai Sea [J]. Marine Pollution Bulletin, 71 (1−2): 107−116.

YANG G, BAI W, WANG J, et al., 2022. FY3E GNOS Ⅱ GNSS reflectometry: Mission review and first results [J]. Remote Sensing, 14(4): 988.

YANG Y, DONG J, SUN X, et al., 2016. Ocean front detection from instant remote sensing SST images [J]. IEEE Geoscience and Remote Sensing Letters, 13(12): 1960−1964.

YANG Z, ZHANG P, GU S, et al., 2019. Capability of Fengyun-3D satellite in earth system observation [J]. Journal of Meteorological Research, 33: 1113−1130.

YE X, LIU J, LIN M, et al., 2020. Global ocean chlorophyll-a concentrations derived from COCTS onboard the HY-1C satellite and their preliminary evaluation [J]. IEEE Transactions on Geoscience and Remote Sensing, 59(12): 9914−9926.

YE X, LIU J, LIN M, et al., 2022. Evaluation of Sea Surface Temperatures Derived From the HY-1D Satellite [J]. IEEE Journal of Selected Topics in Applied Earth Observations and Remote Sensing, 15:654−665.

YU R, LU H, LI S, et al., 2021. Instrument design and early in-orbit performance of HY-2B scanning microwave radiometer [J]. IEEE Transactions on Geoscience and Remote Sensing, 60: 1−13.

YU S, SONG Z, BAI Y, et al., 2023. Satellite-estimated air-sea CO_2 fluxes in the Bohai Sea, Yellow Sea, and East China Sea: Patterns and variations during 2003—2019 [J]. Science of the Total Environment, 904, 166804.

YUEH S H, TANG W, FORE A G, et al., 2013. L-band passive and active microwave geophysical model functions of ocean surface winds and applications to Aquarius retrieval [J]. IEEE Transactions on Geoscience and Remote Sensing, 51(9): 4619−4632.

ZHANG B, ZHU Z, PERRIE W, et al., 2021. Estimating tropical cyclone wind structure and intensity from spaceborne radiometer and synthetic aperture radar [J]. IEEE J. Sel. Topics. Appl. Earth. Observ. Remote Sens., 14: 4043−4050.

ZHANG L, YU H, WANG Z, et al., 2020. Evaluation of the Initial Sea Surface Temperature From the HY-2B Scanning Microwave Radiometer [J]. IEEE Geoscience and Remote Sensing Letters, (99): 1−5.

ZHANG X, WANG H, WANG S, et al., 2022. Oceanic internal wave amplitude retrieval from satellite images based on a data-driven transfer learning model [J]. Remote Sensing of Environment, 272, 112940.

ZHANG Y, WU Z, LIU M, et al., 2014. Thermal structure and response to long-term climatic changes in Lake Qiandaohu, a deep subtropical reservoir in China [J]. Limnology and Oceanography, 59(4): 193−202.

ZHENG Q, SUSANTO R D, HO C-R et al., 2007. Statistical and dynamical analyses of generation mechanisms of solitary internal waves in the northern South China Sea [J]. Journal of Geophysical Research, 112, C03021.

附　录

Ⅰ 英文简写——机构

英文简称	英文全称	中文全称
BEC	Bacelona Expert Center	西班牙巴塞罗那专家中心
CSA	Canadian Space Agency	加拿大航天局
CDAAC	COSMIC Data Analysis and Archive Center	COSMIC数据分析与存档中心
CLASS	Comprehensive Large Array Data Stewardship System	综合大型阵列数据管理系统
CMEMS	Copernicus Marine Environment Monitoring Service	哥白尼海洋环境监测服务中心
CNES	National Centre for Space Studies	法国国家空间研究中心
DMSP	Defense Meteorological Satellite Program	国防气象卫星计划
ECMWF	European Centre for Medium-Range Weather Forecasts	欧洲中期天气预报中心
ESA	European Space Agency	欧洲空间局
EUMETSAT	European Organisation for the Exploitation of Meteorological Satellites	欧洲气象卫星开发组织
GES DISC	NASA Goddard Earth Sciences Data and Information Services Center	NASA戈德地球科学数据和信息服务中心
GHRSST	Group for High-Resolution Sea Surface Temperature	高分辨率海面温度小组
GPM	Global precipitation measurement	全球降水测量计划
IHO	International Hydrographic Organization	国际水道测量组织
IOC	Intergovernmental Oceanographic Commission	联合国教科文组织政府间海洋学委员会
ISRO	Indian Space Research Organisation	印度空间研究组织
JAXA	Japan Aerospace Exploration Agency	日本宇宙航空研究开发机构
JPL	Jet Propulsion Laboratory	喷气推进实验室
JMA	Japan Meteorological Agency	日本气象厅
KMA	Korea Meteorological Administration	韩国气象局
KNMI	Koninklijk Nederlands Meteorologisch Instituut	荷兰皇家气象学会

续表

英文简称	英文全称	中文全称
NASA	National Aeronautics and Space Administration	美国国家航空航天局
NASDA	National Space Development Agency of Japan	日本国家宇宙开发集团
NCAR	National Center for Atmospheric Research	美国国家大气研究中心
NCEI	National Centers for Environmental Information	美国国家环境信息中心
NCEP	National Centers for Environmental Prediction	美国国家环境预报中心
NDBC	National Data Buoy Center	美国国家数据浮标中心
NGA	National Geospatial-Intelligence Agency	美国国家地理空间情报局
NOAA	National Oceanic and Atmospheric Administration	美国国家海洋和大气管理局
NSMC	National Satellite Meteorological Centre	中国国家卫星气象中心
NSOAS	National Satellite Ocean Application Service	中国国家卫星海洋应用中心
OBPG	Ocean Biology Processing Group	海洋生物处理小组
OSI SAF	Ocean and Sea Ice Satellite Application Facility	海洋和海冰卫星应用中心
PO.DAAC	Physical Oceanography Distributed Active Archive Center	NASA物理海洋数据分发存档中心
UKSA	UK Space Agency	英国航天局

Ⅱ 英文简写——卫星及传感器

英文简称	英文全称	中文全称
AATSR	Advanced Along-Track Scanning Radiometer	高级沿轨扫描辐射计
AGRI	Advanced Geostationary Radiation Imager	先进的静止轨道辐射成像仪
AHI	Advanced Himawari Imagers	先进葵花成像仪
AIRS	Atmospheric Infrared Sounder	大气红外探测仪
AIS	Automatic Identification System	船舶自动识别系统
ALT	Altimeter	雷达高度计
AMI	Active Microwave Instrument	主动微波装置
AMI	Advanced Meteorological Imager	高级气象成像仪

续表

英文简称	英文全称	中文全称
AMR	Advanced Microwave Radiometer	先进微波辐射计
AMSR	Advanced Microwave Scanning Radiometer	高级微波扫描辐射计
AMSR2	Advanced Microwave Scanning Radiometer-2	高级微波扫描辐射计2
AMSR-E	Advanced Microwave Scanning Radiometer for EOS	EOS高级微波扫描辐射计
AMSU	Advanced Microwave Sounding Unit	高级微波探测单元
ASAR	Advanced Synthetic Aperture Radar	高级合成孔径雷达
ASCAT	Advanced Scatterometer	先进散射计
ATLAS	Advanced Topographic Laser Altimeter System	先进地形激光测高系统
ATMS	Advanced Technology Microwave Sounder	高级微波探测器
ATSR	Along-Track Scanning Radiometer	沿轨扫描辐射计
AVHRR	Advanced Very High Resolution Radiometer	高级甚高分辨率辐射计
CERES	Clouds and the Earth's Radiant Energy System	云和地球辐射能量系统
COCTS	Chinese Ocean Color and Temperature Scanner	中国海洋水色水温扫描仪
CrIS	Cross-track Infeared Sounder	跨轨红外探测仪
CSCAT	China France Oceanography Satellite(CFOSAT) scatter-ometer	中法海洋卫星散射计
CZCS	Coastal Zone Color Scanner	海岸带水色扫描仪
CZI	Coastal Zone Imager	海岸带成像仪
DDMI	Delay Doppler Map Instrument	延时多普勒映射接收机
DPR	Dual-frequency Precipitation Radar	双频降水雷达
ETM+	Enhanced Thematic Mapper Plus	增强型专题成像仪
FY-4A GIIRS	Geostationary Interferometric Infrared Sounder	风云4A地球静止卫星干涉式大气垂直探测仪
GCOM-W1	Global Change Observation Mission-Water	全球变化观测任务第一颗水循环卫星
GEMS	Global Environmental Monitoring Sensor	全球环境监测仪
GFO-RA	GEOSAT Follow-On Radar Altimeter	GEOSAT后续卫星雷达高度计
GLAS	Geoscience Laser Altimeter System	地球科学激光测高系统

续表

英文简称	英文全称	中文全称
GLI	Global Imager	全球成像仪
GMI	GPM Microwave Imager	GPM微波成像仪
GNOS	Global Navigation Satellite System Occultation Sounder	全球导航卫星掩星探测仪
GNOS-Ⅱ	Global Navigation Satellite System Occultation Sounder-Ⅱ	全球导航卫星掩星探测仪-Ⅱ
GOCI	Geostationary Ocean Color Imager	地球静止海洋水色成像仪
GOCI-Ⅱ	Geostationary Ocean Color Imager-Ⅱ	地球静止海洋水色成像仪-Ⅱ
GOMOS	Global Ozone Monitoring by Occultation of Stars	全球臭氧掩星监测仪
GRAS	Global Navigation Satellite System Receiver for Atmo-spheric Sounding	全球定位系统大气探测接收仪
HIRS	High Resolution Infrared Radiation Sounder	高分辨率红外辐射探测仪
HSB	Humidity Sounder for Brazil	巴西湿度探测器
HSCAT	HY-2 scatterometer	HY-2系列卫星散射计
ICI	Ice Cloud Imager	冰云成像仪
KaRIn	Ka-band Radar Interferometer	Ka波段雷达干涉仪
KSEM	Korean Space Environment Monitor	韩国空间环境监测仪
LIS	Lighting Imaging Sensor	闪电成图像仪
MERIS	MEdium Resolution Imaging Spectrometer	中分辨率成像光谱仪
MERSI	Medium Resolution Spectral Imager	中分辨率光谱成像仪
MHS	Microwave Humidity Sounder	微波湿度探测仪
MIRAS	Microwave Imaging Radiometer using Aperture Synthesis	综合孔径微波辐射计
MODIS	Moderate-resolution Imaging Spectroradiometer	中等分辨率成像光谱仪
MSI	Multispectral Imager	多光谱成像仪
MVISR	Multichannel Visible Infrared Scanning Radiometer	多通道可见光和红外扫描辐射计
MWHS-Ⅱ	Micro-Wave Humidity Sounder-Ⅱ	微波湿度计-Ⅱ
MWI	Microwave Imager	微波成像仪
MWR	Microwave Radiometer	微波辐射计

续表

英文简称	英文全称	中文全称
MWRI	Microwave Radiation Imager	微波成像仪
MWS	Microwave Sounder	微波探测仪
MWTHS	Micro-Wave Temperature Humidity Sounde	微波温湿度计
MWTS-Ⅱ	Micro-Wave Temperature Sounder-Ⅱ	微波温度计-Ⅱ
NPP	National Polar-orbiting Partnership Satellite	美国国家极轨伙伴卫星
NSCAT	NASA scatterometer	NASA的散射计
OCM	Ocean Color Monitor	海洋水色监测仪
OCTS	Ocean Color and Temperature Scanner	海洋水色水温扫描仪
OLCI	Ocean and Land Color Instrument	海陆色度仪
OLI	Operational Land Imager	业务陆地成像仪
OLS	Operational Linescan System	线性扫描业务系统
OMPS	Ozone Mapping and Profiler Suite	臭氧成像廓线仪
OSCAT	Oceansat Scatterometer	Oceansat散射计
PR	Precipitation Radar	降雨雷达
QuikSCAT	Quick Scatterometer	快速散射计
RA-2	Radar Altimeter-2	雷达高度计-2
SAR	Synthetic Aperture Radar	合成孔径雷达
SASS	Seasat-A Satellite Scatterometer	Seasat-A散射计
SCS	Satellite-based Calibration Spectrometer	星上定标光谱仪
SeaWiFS	Sea-viewing Wide Field of View Sensor	海洋宽视场水色扫描仪
SeaWinds	SeaWinds Scatterometer	风散射计
SFMR	Stepped Frequency Microwave Radiometer	步进频率微波辐射计
SGLI	Second generation GLobal Imager	第二代全球成像仪
SIRAL	Synthetic Aperture Interferometric Radar Altimeter	合成孔径干涉雷达高度计
SLSTR	Sea and Land Surface Temperature Radiometer	海陆表面温度辐射计
SMMR	Scanning Multi-frequency Microwave Radiometer	多频率扫描微波辐射计
SMR	Scanning Microwave Radiometer	扫描微波辐射计

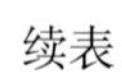
续表

英文简称	英文全称	中文全称
SNPP	Suomi National Polar-orbiting Partnership Satellite	美国索米国家极轨伙伴卫星
SRAL	Synthetic Aperture Radar Altimeter	合成孔径雷达高度计
SSALT	Single-frequency Solid-state Altimeter	单频雷达高度计
SSM/I	Special Sensor Microwave/Imager	专用传感器微波成像仪
SSMIS	Special Sensor Microwave Imager/Sounder	专用传感器微波成像仪/探测仪
SSM/T	Special Sensor Microwave/Temperature	专用传感器微波辐射计
SSTM	Sea Surface Temperature Monitor	海面温度监测仪
SWIM	Surface Waves Investigation and Monitoring	海浪波谱仪
RO	Radio Occultation	无线电掩星
TMI	TRMM Microwave Imager	TRMM微波成像仪
TRMM	Tropical Rainfall Measuring Mission	热带降雨测量任务
TROPOMI	TROPOspheric Monitoring Instrument	对流层观测仪
UVI	Ultra-Violet Imager	紫外成像仪
VIIRS	Visible Infrared Imaging Radiometer	可见光红外成像辐射计
VISSR	Visible and Infrared Spin Scan Radiometer	可见光红外自旋扫描辐射计
WindSat	WindSat Polarimetric Radiometer	全极化微波辐射计
WVR	Water Vapor Radiometer	水汽辐射计

Ⅲ 英文简写——其他

英文简称	英文全称	中文全称
2D-Var	Two-Dimensional Variational Method	二维变分方法
ADT	Absolute Dynamic Topography	绝对动力地形
AOD	Aerosol Optical Depth	气溶胶光学厚度
AV	Simple Averaging	简单平均
AVP	Atmospheric Vertical Detection Products	大气垂直探测产品

续表

英文简称	英文全称	中文全称
AVW	Weighted Averaging	加权平均
CAP	Combined Active-Passive	主被动联合算法
CCMP	Cross-Calibrated Multi-Platform	交叉校正多平台
CLW	Cloud Liquid Water	云液水含量
DEM	Digital Elevation Model	数字高程模型
ETOPO	Earth Topography	地球地形
FDS	Fully Developed Sea	充分成长海洋
FUSION OWV	Ocean Wind Vectors Fusion Products	海面风场融合产品
GDR	Geophysical Data Records	地球物理数据
GEBCO	General Bathymetric Charts of the Oceans	全球大洋地形图
GFM	Geophysical Model Function	地球物理模型函数
GFS	Global Forecast System	NCEP全球预报系统
GNSS	Global Navigation Satellite System	全球定位系统
IBTrACS	International Best Track Archive for Climate Stewardship	国际热带气旋最佳路径数据集
IGDR	Interim Geophysical Data Records	临时地球物理数据
ISIN	Integerised SINusoidal projection	正弦曲线投影
LES	Leading Edge Slope	前沿斜率
MLE	Maximum Likelihood Estimation	最大似然估计法
MURSST	Multiscale Ultrahigh Resolution Sea Surface Temperature	多尺度超高分辨率海面温度
NBRCS	Normalized Bistatic Radar Cross Section	归一化双基雷达散射截面
NBS	NOAA NCEI Blended Seawinds	NOAA NCEI融合海风
NLSST	Nonlinear SST	非线性海温反演算法
OC-CCI	Ocean-Colour Climate Change Initiative	海洋水色气候变化倡议
OHC	Ocean Heat Content	海洋热含量
OISSS	Optimally Interpolated Sea Surface Salinity	最优插值海面盐度
OISST	Optimum Interpolation SST	最优插值海面温度

续表

英文简称	英文全称	中文全称
OSCAR	Ocean Surface Current Analyses Real-time	实时海表流场分析数据
PC	Plate-Carree projection	简易圆柱投影
PSU	Practical Salinity Unit	实用盐标
PWV	Precipitable Water Vapor	大气水汽含量
RMSE	Root Mean Square Error	均方根误差
Rrs	Remote-sensing reflectance	遥感反射率
RSS	Remote Sensing Systems	遥感系统
SDR	Sensor Geophysical Data Records	传感器地球物理数据
SLA	Sea Level Anomaly	海平面异常
SLH	Sea Level Height	海平面高度
SRTM	Shuttle Radar Topography Mission	航天飞机雷达地形测绘任务
SSA	Sea Surface Anomaly	海表面异常
SSH	Sea Surface Height	海表面高度
SSHA	Sea Surface Height Anomaly	海表面高度异常
SWH	Significant Wave Height	有效波高
VAM	Variational Analysis Method	变分分析方法